网络空间安全技术丛书

数字图像水印算法的多种语言实现与分析

丁海洋　著

北京邮电大学出版社
www.buptpress.com

内 容 简 介

为培养学生多语言、跨平台的开发能力,提高学生动手编程的能力,本书将以常用的数字图像水印算法为主要应用实例:讲解数字图像水印算法;讲解数字图像水印算法的 MATLAB 实现;指导学生采用 C 语言实现数字图像实验算法;讲解 JNI 技术,并讲解如何采用 JNI 技术实现 Java 开发环境下的 C 语言版数字图像水印算法程序;将 C 语言实现数字图像水印与 MATLAB 实现数字图像水印进行对比分析,并对 C 语言数字图像水印程序进行扩展。

本书共分 6 章。第 1 章为概述,第 2 章为数字图像水印算法的介绍,第 3 章为数字图像水印算法的 MATLAB 程序实现,第 4 章为数字图像水印算法的 C 语言程序实现,第 5 章为基于 JNI 技术的 C 语言版数字图像水印算法的程序实现,第 6 章为 C 语言版数字图像水印程序的分析与扩展。

本书可作为信息安全及相关专业本科生和研究生的学习用书,同时也可供对数字图像水印实现技术感兴趣的读者参考。

图书在版编目(CIP)数据

数字图像水印算法的多种语言实现与分析 / 丁海洋著 . -- 北京:北京邮电大学出版社,2022.3
(2023.12 重印)

ISBN 978-7-5635-6611-2

Ⅰ. ①数… Ⅱ. ①丁… Ⅲ. ①数字图像—加密技术—研究 Ⅳ. ①TP309.7

中国版本图书馆 CIP 数据核字(2022)第 038230 号

策划编辑:马晓仟　　责任编辑:王晓丹　耿　欢　　封面设计:七星博纳

出版发行:北京邮电大学出版社
社　　　址:北京市海淀区西土城路 10 号
邮政编码:100876
发 行 部:电话:010-62282185　传真:010-62283578
E-mail:publish@bupt.edu.cn
经　　销:各地新华书店
印　　刷:北京虎彩文化传播有限公司
开　　本:787 mm×1 092 mm　1/16
印　　张:11.5
字　　数:284 千字
版　　次:2022 年 3 月第 1 版
印　　次:2023 年 12 月第 2 次印刷

ISBN 978-7-5635-6611-2　　　　　　　　　　　　　　　　　　　　定价:38.00 元

前　　言

随着经济全球化和信息化的不断深入,以互联网为平台的信息基础设施,对整个社会的正常运行和发展正起着关键作用,网络信息对社会发展有重要的支撑作用。网络空间是利用全球互联网和计算系统进行通信、控制和共享的动态虚拟空间,是社会有机运行的神经系统,并已经成为继陆、海、空、天之后的第五空间。

网络空间面临的风险与日俱增。在网络中,个人隐私信息泄露并大范围传播的事件已经屡见不鲜,以非法牟利为目的、利用计算机网络进行的犯罪活动已经形成了黑色的地下经济产业链。如何充分发挥互联网对经济发展的推动作用,同时又要控制它对经济社会发展带来的负面影响以及如何维护公民和企业的合法权益,需要研究和探索更加科学合理的网络空间安全治理模式。

加强网络空间安全已经成为国家安全战略的重要组成部分。网络空间的竞争,归根结底是人才的竞争。我国在网络空间安全人才方面,还存在数量缺口较大、能力素质不高、结构不太合理等问题,且达不到维护国家网络安全、建设网络强国的要求。

信息安全专业是为国家网络空间安全培养人才的本科专业,是国家的受控专业。北京印刷学院于 2016 年申请获批信息安全专业,并于 2017 年开始招收本科学生。北京印刷学院于 2017 年申请获批网络空间安全一级学科,并于 2019 年开始招收硕士研究生。

目前信息安全专业设有多门课程,其中讲授理论学时较多,实验学时偏少,不同的课程采用不同的语言和不同的平台完成实验,例如:"现代密码学"课程的实验在 Windows 平台采用 C 语言完成;"数字图像处理"课程的实验在 Windows 平台采用 MATLAB 完成;"Java语言程序设计"课程的实验在 Windows 平台采用 Java 语言完成;"移动应用开发"课程的实验在 Android 平台采用 Java 语言完成。

由于各门课程之间联系较少,学生学完课程后,编程能力仍待提高。在实际工作中,不仅需要理论知识,更需要实践动手能力,同时,多种语言不同平台下的混合编程能力也必不可少。

综上可知,目前急需设计开发出多语言、跨平台的信息安全综合实训项目,通过该项目可以培养学生的多语言、跨平台开发能力,提高学生的动手编程能力,增强学生解决具体信息安全问题的能力。这也是撰写本书的重要原因之一。

本书的内容主要源于作者多年来从事数字图像水印方面的研究积累,在编写过程中,离不开多方人士的帮助与支持。

感谢我的博士生导师——北京邮电大学的杨义先教授和钮心忻教授,他们为我打开了通往数字图像水印算法研究的大门;感谢我的硕士生导师阮秋琦教授,是他将我领进了数字图像处理的研究领域;感谢北京印刷学院的李子臣教授和游福成教授,他们在数字图像水印研究方面为我提供了很多帮助和指导;感谢袁开国老师与席敏超同学在基于 DFT 数字图像水印算法的 MATLAB 程序实现方面的帮助;感谢孙燮华老师在数字图像处理的 Java 实现方面的支持。

本书的出版受到北京印刷学院校内学科建设项目(21090121021)和北京印刷学院校级重点教改项目(22150121033/009)的资助,在此向北京印刷学院研究生院和教务处的相关老师表示感谢。

本书配套完整程序,可在北京邮电大学出版社网站(www.buptpress.com)下载。

由于作者水平有限,书中难免有不当之处,欢迎大家批评指正。

目　　录

1

第1章 概　　述

1.1　多语言、跨平台的信息安全综合实训项目

为探求网络空间安全人才培养的新模式,本书以提高信息安全专业学生的动手能力为目标,设计出了多语言、跨平台的信息安全综合实训项目。

本项目将以常用的数字图像水印算法为主要应用实例,设计实训项目的实施方案,指导学生开发不同语言、不同平台下的数字图像水印程序,并且配合数字图像水印算法的讲解,其中,详细讲解了对应各开发环境和开发技术的使用方法。

本项目的意义主要有以下几点。

(1)培养学生理论与实践相结合的能力。

(2)培养学生进行 C 语言编程的能力。

(3)培养学生进行 C 语言和 Java 语言混合编程的能力。

(4)提高学生在 Windows 平台和 Android 移动平台混合编程的能力。

1.2　多语言、跨平台的信息安全实训项目的实施方案

本项目开发需要用到 C 语言和 Java 语言,涉及的开发平台包括 Windows 平台和 Android 平台,还需要采用 JNI 技术和 Android-JNI 技术,本项目的实施方案按照先开发对应语言程序后编写实训指导书的顺序。实施方案如图 1-1 所示。

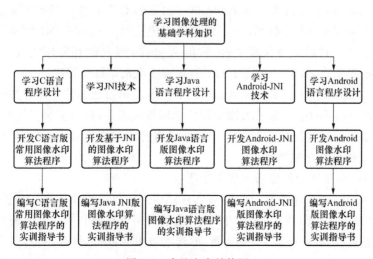

图 1-1　实施方案结构图

1

下面阐述具体的实施方案。

（1）开发 C 语言版常用图像水印算法程序

本项目在 Windows 平台采用 C 语言实现常用图像水印算法程序。具体来说,本项目选择基于 DFT(离散傅里叶变换)的频域图像水印算法,先打开图像,然后将图像数据进行 DFT,通过修改频域数据实现水印信息嵌入,再进行 DFT 逆变换,得到空域图像数据,保存图像,得到载有水印信息的图像文件。

（2）编写 C 语言版常用图像水印算法程序的实训指导书

结合已有的 C 语言版常用图像水印算法程序,进行实训指导书的编写,该指导书主要包括整体程序的操作流程、程序的主流程图及描述、程序主要模块的实现流程及描述、实验程序的修改及效果。

（3）采用 JNI 技术实现 Java 开发环境下的 C 语言版图像水印算法程序

本项目采用 JNI 技术,将 C 语言版程序按照 JNI 的函数封装格式,通过 JNI 编译生成动态链接库文件,采用 Java 语言的开发界面,在 Java 程序中调用动态链接库文件,调用 C 语言中的函数实现图像水印算法程序。

（4）编写利用 JNI 技术实现 Java 环境下 C 语言版图像水印算法程序的实训指导书

结合已有的 JNI 技术实现的图像水印算法程序,进行实训指导书的编写,该指导书主要包括整体程序的操作流程、JNI 技术的介绍、JNI 技术的开发流程、JNI 技术的开发例程。

（5）开发 Java 语言版图像水印算法程序

本项目在 Windows 平台采用 Java 语言实现图像水印算法程序。具体来说,本项目选择基于 DFT 的频域图像水印算法,先打开图像,然后将图像数据进行 DFT,通过修改频域数据实现水印信息嵌入,再进行 DFT 逆变换,得到空域图像数据,保存图像,得到载有水印信息的图像文件。

（6）编写 Java 语言版图像水印算法的实训指导书

结合已有的 Java 语言版图像水印算法程序,进行实训指导书的编写,该指导书主要包括整体程序的操作流程、程序的主流程图及描述、程序主要模块的实现流程及描述、实验程序的修改及效果。

（7）采用 Android-JNI 技术实现 Android 平台下的 C 语言版图像水印算法程序

本项目采用 Android-JNI 技术,将 C 语言版程序按照 Android-JNI 的函数格式进行封装,通过 NDK 编译生成动态链接库文件,采用 Android 语言的开发环境,在 Android 程序中调用动态链接库文件,调用 C 语言中的函数实现图像水印算法程序。

（8）编写 Android-JNI 技术实现 Android 平台下 C 语言版图像水印算法的实训指导书

结合已有的 Android-JNI 技术实现的图像水印算法程序,进行实训指导书的编写,该指导书主要包括整体程序的操作流程、Android-JNI 技术的介绍、Android-JNI 技术的开发流程、Android-JNI 技术的开发例程。

（9）开发 Android 平台的图像水印算法程序

本项目在 Android 平台采用 Java 语言实现图像水印算法程序。具体来说,本项目选择基于 DFT 的频域图像水印算法,先打开图像,然后将图像数据进行 DFT,通过修改频域数据实现水印信息嵌入,再进行 DFT 逆变换,得到空域图像数据,保存图像,得到载有水印信息的图像文件。

（10）编写 Android 平台下图像水印算法程序的实训指导书

结合已有的 Android 平台下的图像水印算法程序，进行实训指导书的编写，该指导书主要包括整体程序的操作流程、程序的主流程图及描述、程序主要模块的实现流程及描述、实验程序的修改及效果。

1.3　本书的重点

综合实训项目的重点是各部分程序的开发，主要包括以下内容。

（1）开发 C 语言版常用图像水印算法程序。

（2）采用 JNI 技术实现 Java 开发环境下的 C 语言版图像水印算法程序。

（3）开发 Java 语言版图像水印算法程序。

（4）采用 Android-JNI 技术实现 Android 平台下的 C 语言版图像水印算法程序。

（5）开发 Android 平台下的图像水印算法程序。

开发 C 语言版常用数字图像水印算法程序为全部程序的基础，而本项目的难点是多语言、跨平台的程序开发，主要包括：采用 JNI 技术实现 Java 开发环境下的 C 语言版图像水印算法程序；采用 Android-JNI 技术实现 Android 平台下的 C 语言版图像水印算法程序。

由于篇幅有限，本书的重点内容主要包括以下三部分。

（1）C 语言常用版数字图像水印算法程序的实现与讲解。

（2）JNI 技术实现 C 语言版数字图像水印算法程序的讲解与 JNI 技术讲解。

（3）C 语言数字图像水印算法程序的分析与扩展。

1.4　本书的各章安排

为培养学生多语言、跨平台的程序开发能力，提高学生动手编程的能力，本书将以常用的数字图像水印算法为主要应用实例：讲解数字图像水印算法；讲解数字图像水印算法的 MATLAB 实现；指导学生采用 C 语言实现数字图像实验算法；讲解 JNI 技术，并讲解如何采用 JNI 技术实现 Java 开发环境下的 C 语言版图像水印算法程序；将 C 语言实现图像水印与 MATLAB 实现图像水印进行对比分析，并对 C 语言图像水印程序进行扩展。

以下是本书的各章安排。

第 1 章是概述。主要介绍网络空间安全发展需求与信息安全专业现状；讲述多语言、跨平台的信息安全综合实训项目及其实施方案；明确本书的重点内容，列出本书的各章安排。

第 2 章是数字图像水印算法的介绍。数字图像水印算法主要分空域算法和变换域算法两类，本书主要介绍变换域的数字图像水印算法，包括基于 DCT（离散余弦变换）的数字图像水印算法和基于 DFT 的数字图像水印算法。其中，基于 DFT 的数字图像水印算法是后续章节程序实现的基础算法。

第 3 章是数字图像水印算法的 MATLAB 程序实现。为了帮助学生理解变换域的数字图像水印算法，熟悉程序实现的过程，讲解了数字图像水印算法的 MATLAB 程序实现，主要包括基于 DCT 的数字图像水印算法和基于 DFT 的数字图像水印算法的程序实现。

第 4 章是数字图像水印算法的 C 语言程序实现。本书采用 VS2012 开发 C 语言程序，介绍 VS2012 的安装过程和基本使用方法;打开已有的 C 语言版数字图像水印程序,观察程序运行效果;分析程序中各部分的功能;为了帮助学生有效掌握程序,本书将引导学生在一个新建项目中,分步骤实现数字图像水印程序。

第 5 章是基于 JNI 技术的 C 语言版数字图像水印算法的程序实现。开始先介绍 JNI 技术。本章的目标是在 Java 环境下,使用 JNI 技术实现 C 语言版的数字图像水印程序。具体来说就是,在 VS 环境中,使用 JNI 技术将已有的 C 语言数字图像水印程序编译为 Java 环境下可以调用的 DLL(动态链接库)文件,在 Java 程序中调用该 DLL 文件,实现数字图像水印程序。

第 6 章是 C 语言数字图像水印程序的分析与扩展。对第 4 章实现的 C 语言数字图像水印程序进行分析,并与 MATLAB 程序进行对比,对 C 语言数字图像水印程序进行扩展。

第 2 章　数字图像水印算法

数字图像水印是用于数字图像版权保护和认证的一门常用技术。数字图像水印算法按照嵌入域不同,可分为空域数字图像水印算法和变换域数字图像水印算法两类[1]。在变换域数字图像水印算法中,又可以分为基于 DCT 的数字图像水印算法、基于 DFT 的数字图像水印算法以及基于 DWT(离散小波变换)的数字图像水印算法,这三种算法的实现思路相似,即通过 DCT/DFT/DWT 得到变换域的数据,通过对变换域数据进行修改,控制特定系数的相对关系,从而实现嵌入水印。

本章将讲述三种基于 DCT 的数字图像水印算法和一种基于 DFT 的数字图像水印算法。

2.1　基于 DCT 的数字图像水印算法

基于 DCT 的数字图像水印算法主要通过分块 DCT,然后通过修改系数来嵌入水印。

对待嵌入的图像数据进行分块,对每个分块采用二维 DCT,得到变换域 DCT 系数矩阵,通过控制某个系数的正负或某几个系数的相对关系来嵌入水印值。

首先对待嵌入水印的图像数据进行 4×4 分块,然后经过 DCT 后得到 16 个 DCT 系数,并按照 Zigzag 扫描顺序把这 16 个系数从低频到高频进行排列。如图 2-1 所示为 Zigzag 扫描顺序。在这 16 个 DCT 系数当中,选择嵌入位置十分重要。如果选择高频系数来嵌入水印,那么在压缩编码中水印容易被去除;如果选择低频系数来嵌入水印,又可能导致图像质量下降。所以本章选择中高频范围的系数来嵌入水印。

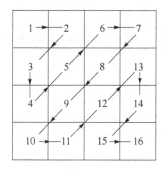

图 2-1　Zigzag 扫描顺序

2.1.1　用单个中高频系数来隐藏水印

选择每个 DCT 块中的第 12 个系数 C12 来嵌入水印,用 C12$_i$ 表示第 i 个 DCT 块的第

12 个系数,用 W_i 表示第 i 个水印值,嵌入水印的规则如下:

$$\begin{cases} C12_i \geq 0, & W_i = 1 \\ C12_i < 0, & W_i = 0 \end{cases} \tag{2-1}$$

(1) 水印嵌入

当 $W_i = 1$ 时,需要保证 $C12_i \geq k$,其中,k 为水印嵌入强度,嵌入过程如下:

$$C12_i = \begin{cases} -C12_i, & C12_i < -k \\ k, & -k \leq C12_i \leq k \\ C12_i, & C12_i > k \end{cases} \tag{2-2}$$

当 $C12_i < -k$ 时,系数取值为 $-C12_i$ 是为了保证提取的正确率。

当 $W_i = 0$ 时,需要保证 $C12_i \leq -k$,嵌入过程如下:

$$C12_i = \begin{cases} C12_i, & C12_i < -k \\ -k, & -k \leq C12_i \leq k \\ -C12_i, & C12_i > k \end{cases} \tag{2-3}$$

(2) 水印提取

通过判断 $C12_i$ 的正负,提取水印值 W_i,提取过程如下:

$$W_i = \begin{cases} 1, & C12_i \geq 0 \\ 0, & C12_i < 0 \end{cases} \tag{2-4}$$

2.1.2　用 3 个系数中等于 0 数目的奇偶来隐藏水印

参考秦建军论文中提出的水印算法[2],从第 i 个 DCT 分块系数中选择 3 个系数:$C11_i$、$C12_i$、$C13_i$,根据其中系数为 0 数目的奇偶表示隐藏的水印。

注意,这里的"0"不能用数值上绝对等于 0 来表示,因为这样很难保证检测过程中的系数刚好等于 0,所以应该用绝对值小于一个数值来表示 0,即 $|a| < k$ 表示 0,其中,k 表示水印嵌入强度。因此,该算法的水印嵌入规则如下:

$$\begin{cases} \sum_{m=11}^{13} (|Cm_i| < k) = 0/2, & W_i = 1 \\ \sum_{m=11}^{13} (|Cm_i| < k) = 1/3, & W_i = 0 \end{cases} \tag{2-5}$$

(1) 水印嵌入

当 $W_i = 1$ 时,需要保证在第 i 个 DCT 分块中,$C11_i$、$C12_i$、$C13_i$ 中有偶数个 0,首先要获取当前 3 个系数中等于 0 的数目 numzero,嵌入过程如下:

$$\begin{cases} 不做处理, & numzero = 0,2 \\ 将 0 系数置为非 0, & numzero = 1 \\ 将一个 0 系数置为非 0, & numzero = 3 \end{cases} \tag{2-6}$$

当 $W_i = 0$ 时,需要保证 $C11_i$、$C12_i$、$C13_i$ 中有奇数个 0,嵌入过程如下:

$$\begin{cases} 不做处理, & numzero = 1,3 \\ 将非 0 系数置为 0, & numzero = 2 \\ 将最小的非 0 系数置为 0, & numzero = 0 \end{cases} \tag{2-7}$$

（2）水印提取

通过统计 $C11_i$、$C12_i$、$C13_i$ 中为 0 数目的奇偶来提取水印值，提取过程如下：

$$W_i = \begin{cases} 1, & \text{numzero}=0,2 \\ 0, & \text{numzero}=1,3 \end{cases} \tag{2-8}$$

2.1.3　用一个系数相对多个系数的平均值的大小关系表示隐藏的水印

参考曹军梅的水印算法[3]，首先选择 1 个系数：$C12_i$，再选择与其相邻的 5 个系数：$C10_i$、$C11_i$、$C7_i$、$C13_i$、$C14_i$，计算这 5 个系数的平均值 $\overline{C}$，用 $C12_i$ 与平均值 $\overline{C}$ 的大小关系表示隐藏的水印，水印规则如下：

$$\begin{cases} C12_i \geqslant \overline{C}, & W_i=1 \\ C12_i < \overline{C}, & W_i=0 \end{cases} \tag{2-9}$$

（1）水印嵌入

当 $W_i=1$ 时，保证 $C12_i \geqslant \overline{C}+k$，其中，$k$ 表示水印嵌入强度，具体表示如下：

$$C12_i = \begin{cases} C12_i, & C12_i \geqslant \overline{C}+k \\ \overline{C}+k, & C12_i < \overline{C}+k \end{cases} \tag{2-10}$$

当 $W_i=0$ 时，保证 $C12_i \leqslant \overline{C}-k$，嵌入过程如下：

$$C12_i = \begin{cases} \overline{C}-k, & C12_i > \overline{C}-k \\ C12_i, & C12_i \leqslant \overline{C}-k \end{cases} \tag{2-11}$$

（2）水印提取

通过 $C12_i$ 与平均值 $\overline{C}$ 的大小关系表示提取的水印值，具体如下：

$$W_i = \begin{cases} 1, & C12_i \geqslant \overline{C} \\ 0, & C12_i < \overline{C} \end{cases} \tag{2-12}$$

2.2　基于 DFT 的数字图像水印算法

基于 DFT 的数字图像水印算法就是将图像整体进行 DFT 后，通过修改频域数据来表示嵌入的水印。在 Dajun He[4] 的论文中，提出了一种基于 DFT 的水印算法。它先将待嵌入的图像数据进行二维 DFT，在得到的频域数据中选择中低频数据，将这部分数据分为 4×4 的数据块，在每个数据块中，选择对角线的两个 2×2 小块，最后通过两个小块的能量相对关系表示隐藏的水印值。4×4 数据块中两个 2×2 小块的位置如图 2-2 所示。

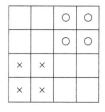

图 2-2　4×4 数据块中两个 2×2 小块的位置

对频域数据中第 i 个 4×4 的数据块,用"○"表示小块 1 的 4 个元素,小块 1 的能量和记为 $E1_i$;用"×"表示小块 2 的 4 个元素,小块 2 的能量和记为 $E2_i$。水印嵌入规则如下:

$$\begin{cases} E2_i \geqslant E1_i, & W_i=1 \\ E2_i < E1_i, & W_i=0 \end{cases} \tag{2-13}$$

(1) 水印嵌入

当 $W_i=1$ 时,保证 $E2_i \geqslant E1_i+k$,其中,k 表示水印嵌入强度。若满足 $E2_i \geqslant E1_i+k$,则不做处理。若不满足,则通过以下过程实现:

$$\begin{cases} delta=(k+E1_i-E2_i)/2 \\ E2_i=E2_i+delta \\ E1_i=E1_i-delta \end{cases} \tag{2-14}$$

当 $W_i=0$ 时,保证 $E1_i \geqslant E2_i+k$。若满足 $E1_i \geqslant E2_i+k$,则不做处理;如果不满足,则通过以下过程实现:

$$\begin{cases} delta=(k+E2_i-E1_i)/2 \\ E1_i=E1_i+delta \\ E2_i=E2_i-delta \end{cases} \tag{2-15}$$

(2) 水印提取

通过比较 $E1_i$ 和 $E2_i$ 的大小关系来表示提取的水印值,提取过程如下:

$$W_i=\begin{cases} 1, & E2_i \geqslant E1_i \\ 0, & E2_i < E1_i \end{cases} \tag{2-16}$$

需要注意的是,由于进行 DFT 后的频域数据共轭对称,所以只有频域数据的上半部分可实现信息隐藏,下半部分必须与上半部分共轭对称。

这里需要说明的是,虽然参考文献[2]~[4]中提出的都是视频水印算法,但这三种算法都是对视频的帧数据进行处理,所以这三种算法都适用于数字图像水印。

第3章 数字图像水印算法的 MATLAB 程序实现

第 2 章讲述了数字图像水印算法,重点讲述的是水印嵌入与提取,即如何通过图像数据处理实现水印算法,但是在编程的实现过程中,必须要考虑图像数据的输入和输出。图像数据输入:图像文件打开和解码、获取图像数据、图像数据预处理。图像数据输出:对处理后的数据进行转换、编码,并将其保存为图像文件。

本章讲述了使用 MATLAB 实现数字图像水印算法的基本处理流程;使用 MATLAB 实现基本处理流程的程序;数字图像水印算法的编程实现;对基于 DCT 和基于 DFT 的数字图像水印算法进行实验测试与对比分析;给出 MATLAB 实现数字图像水印算法的完整程序。

本章的安排如下。

(1) 基于 DCT 的数字图像水印算法的基本流程。

(2) 基于 DCT 的数字图像水印算法的 MATLAB 编程实现。

(3) 基于 DFT 的数字图像水印算法的基本流程。

(4) 基于 DFT 的数字图像水印算法的 MATLAB 编程实现。

(5) 实验测试与对比分析。

(6) MATLAB 实现的数字图像水印算法的完整程序。

3.1 基于 DCT 的数字图像水印算法的基本流程

下面是结合 MATLAB 指令列出的基于 DCT 的数字图像水印算法的基本处理流程。

```
Image = imread('XXX.bmp');

ycbcr = rgb2ycbcr(Image);

grayI = ycbcr(:,:,1);

grayI 数据分块

DCT0 = dct2(原分块数据);

频域修改,隐藏信息,存储在 DCTN

新分块数据 = uint8(abs(idct2(DCTN)));

新分块数据组成 newgray

ycbcr(:,:,1) = newgray;

newImage = ycbcr2rgb(ycbcr);

imwrite(newImage,'wm.bmp');
```

下面是关于此流程的具体阐述。

（1）读取图像，彩色转 ycbcr

使用指令 imread，打开一个图像文件 XXX.bmp，并且将其进行解码，获取的图像数据为 Image。

如果图像文件是一个 8 位灰度图像，那么直接获取的图像数据 Image 就是后面进行数字图像水印处理的数据。如果图像文件是一个 24 位彩色图像，那么一般针对彩色图像的亮度分量实施数字图像水印的嵌入。因此，需要从彩色图像数据中获取亮度分量，这里需要注意的是，为保证嵌入水印后的图像数据可以转换回彩色图像，需要使用指令 rgb2ycbcr，而不能使用指令 rgb2gray。

（2）获取灰度分量，对灰度数据进行分块

执行指令 rgb2ycbcr 后，得到的数据 ycbcr 的每个像素点仍然对应三个分量，第一个分量是亮度分量，后两个分量是彩色分量。针对亮度分量进行图像水印处理，后两个分量保持不变。使用指令 ycbcr(:,:,1) 获取亮度分量 grayI，并对 grayI 数据先进行分块，一般分为 4×4 或 8×8 的分块。

（3）对分块数据进行 DCT

使用指令 dct2，对分块数据完成二维 DCT，得到原始 DCT 的频域数据 DCTO。

（4）频域修改，隐藏信息，生成新的频域分块数据

对频域数据 DCTO 进行修改，实现信息隐藏（即图像水印嵌入），生成新的频域分块数据 DCTN。

这里需要注意的是，要直接对 DCTO 进行修改，而不能进行 abs 处理。

（5）对新分块数据进行逆变换，生成新的亮度分量

使用指令 uint8(abs(idct2())) 对新分块数据 DCTN 进行逆变换，得到新的空域分块数据，将新分块数据替换到对应位置，得到新亮度分量 newgray。

指令 uint8(abs(idct2())) 的解释如下。

① 对频域分块数据，使用指令 idct2 进行 DCT 逆变换。

② 对逆变换后的数据，使用指令 abs 取其绝对值，得到非负值。

③ 对②中得到的非负值，使用指令 uint8 取 8 位无符号整型，使数据范围为 0～255。

注意：需要先取 abs 后再取 uint8，而不能直接取 uint8。如对于数字 −10，比较 uint8(abs(−10)) 与 uint8(−10) 的区别，前者执行结果为 10，而后者为 0。

（6）将新的 y 分量更新到 ycbcr 中

将新亮度分量 newgray 更新到 ycbcr 的第一个分量，后两个分量不变，得到新的 ycbcr。

（7）ycbcr 转 rgb，保存生成水印后的图像

对于新的 ycbcr，使用指令 ycbcr2rgb，得到新的 24 位彩色图像数据。

使用指令 imwrite 保存嵌入水印后的图像文件，这里一般保存为 BMP 文件，因为 BMP 文件没有进行压缩。若保存为其他格式，则数据会有压缩编码，相当于对嵌入水印后的图像数据进行了一次编码攻击。

3.2　基于 DCT 的数字图像水印算法的 MATLAB 编程实现

本书采用的 MATLAB 环境为 MATLAB 2017，下面针对 2.1 节中介绍的 3 种基于

DCT 的数字图像水印算法进行 MATLAB 编程实现。

3.2.1 用单个中高频系数来实现图像水印

参照 2.1.1 小节中的描述,下面是 MATLAB 编程实现的核心代码。

(1) 水印嵌入

根据式(2-2)、式(2-3)可得水印嵌入的 MATLAB 代码。

```
%选择嵌入水印的位置
dctx = 3;dcty = 3;
%水印规则:w = 1,用>= k 表示;w = 0,用<= - k 表示
if ( bits_info(count) == 0 )              %w = 0,用<= - k
    if(dct_block(dctx,dcty)>= k)
        dct_block(dctx,dcty) = - dct_block(dctx,dcty);
    elseif((dct_block(dctx,dcty)> - k)&&(dct_block(dctx,dcty)< k))
        dct_block(dctx,dcty) = - k;
    end
elseif ( bits_info(count) == 1 )          %w = 1,用>= k 表示
    if(dct_block(dctx,dcty)<= - k)
        dct_block(dctx,dcty) = - dct_block(dctx,dcty);
    elseif((dct_block(dctx,dcty)> - k)&&(dct_block(dctx,dcty)< k))
            dct_block(dctx,dcty) = k;
    end
end
```

具体程序说明如下。

这里选择嵌入的单个 DCT 系数的位置为"dctx = 3;dcty = 3",对应图 2-1 中第 3 行、第 3 列的位置,即系数 C12 的位置。

dct_block 表示当前 DCT 的频域分块数据,dct_block(dctx,dcty)表示分块数据中 C12 的频域数据。

① 当水印值为 0 时,需要满足 C12 的值小于等于 $-k$,这里的 k 是强度值($k > 0$),在程序实现时,只对不满足要求的情况进行操作。

a. 当"C12≥k"时,对 C12 取负号。

b. 当"- k < C12 < k"时,取"C12 = - k"。

② 当水印值为 1 时,需要满足 C12 的值大于等于 k,在程序实现时,只对不满足要求的情况进行操作。

a. 当"C12≤- k"时,C12 取负号。

b. 当"- k < C12 < k"时,取"C12 = k"。

(2) 水印提取

根据式(2-4)可得水印提取的 MATLAB 代码。

```
%选择提取水印的位置
dctx = 3;dcty = 3;
%进行水印提取
if(dct_block(dctx,dcty) > = 0)      %小于0表示水印0
    bits_info(count) = 1;
else
    bits_info(count) = 0;
end
```

具体程序说明如下。

这里选择的单个 DCT 系数的位置为"dctx＝3;dcty＝3",这个位置必须与嵌入位置一致。

通过判断当前位置频域值 dct_block(dctx,dcty)大于 0 或小于 0,可以确定提取的水印值是 1 还是 0,其中,count 表示水印值的编号。

3.2.2　用 3 个系数中等于 0 数目的奇偶来实现图像水印

参照 2.1.2 小节中的描述,下面是 MATLAB 编程实现的核心代码。

(1) 水印嵌入

根据式(2-6)、式(2-7)可得水印嵌入的 MATLAB 代码。

```
%选择嵌入水印的3个系数位置:C1,C2,C3
c(1,1) = 2;c(1,2) = 4;
c(2,1) = 3;c(2,2) = 3;
c(3,1) = 4;c(3,2) = 2;
%统计0的数目
zeronum = 0;
for i = 1:3
    if (abs(dct_block(c(i,1),c(i,2))) < = k)
        zeronum = zeronum + 1;
    end
end
%水印嵌入
if ( bits_info(count) == 0 )          %w = 0
    if(zeronum == 2)                  %2个0时,将那个非0置为0
        for i = 1:3
            if (abs(dct_block(c(i,1),c(i,2))) > k)
                dct_block(c(i,1),c(i,2)) = 0;
            end
        end
```

```
        elseif(zeronum == 0)                    % 当 0 个 0 时,将一个最小的非 0 置为 0
            % 获取 3 个系数中的最小值
            minindex = 1;
                for i = 2:3
        if(abs(dct_block(c(i,1),c(i,2)))<
                abs(dct_block(c(minindex,1),c(minindex,2))))
                    minindex = i;
                    end
            end
            dct_block(c(minindex,1),c(minindex,2)) = 0;
        end
    elseif ( bits_info(count) == 1 )   % w = 1
        if(zeronum == 3)                      % 3 个 0 时,将一个 0 置为非 0
        dct_block(c(2,1),c(2,2)) = 2 * k;
        elseif(zeronum == 1)                  % 1 个 0 时,将这个 0 置为非 0
        for i = 1:3
                if (abs(dct_block(c(i,1),c(i,2))) <= k)
                    dct_block(c(i,1),c(i,2)) = 2 * k;
                end
            end
        end
    end
end
```

具体程序说明如下。

这里选择嵌入的 3 个系数位置为 $(2,4)$、$(3,3)$、$(4,2)$,与图 2-1 中 C11、C12、C13 的位置相对应。

先统计系数为 0 的数目,这里的系数为 0 不是数值上等于 0,而是系数的绝对值小于 $k(k>0)$,这里的 k 就是嵌入强度。

① 当待嵌入水印值为 0 时,3 个系数中为 0 的数目等于 1 或 3。在程序实现时,只对不满足要求的情况进行操作。

a. 当系数为 0 的数目等于 2 时,将那个非 0 系数置为 0,这样系数为 0 的数目由 2 变成了 3。

b. 当系数为 0 的数目等于 0 时,将绝对值最小的非 0 系数置为 0,这样系数为 0 的数目由 0 变成了 1。

② 当待嵌入水印值为 1 时,3 个系数中为 0 的数目等于 0 或 2。在程序实现时,只对不满足要求的情况进行操作。

a. 当系数为 0 的数目等于 3 时,将任意一个 0 系数置为非 0(等于"2 * k"),这样系数为 0 的数目由 3 变成了 2。

b. 当系数为 0 的数目等于 1 时,将那个 0 系数置为非 0(等于"2 * k"),这样系数为 0 的数目由 1 变成 0。

（2）水印提取

根据式(2-8)可得水印提取的 MATLAB 代码。

```
% 选择嵌入水印的 3 个系数位置:C1,C2,C3
c(1,1) = 2;c(1,2) = 4;
c(2,1) = 3;c(2,2) = 3;
c(3,1) = 4;c(3,2) = 2;
% 统计 0 的数目
zeronum = 0;
for i = 1:3
    if (abs(dct_block(c(i,1),c(i,2))) < = k)
        zeronum = zeronum + 1;
    end
end
% 提取水印
if ((zeronum = = 1)||(zeronum = = 3))
    bits_info(count) = 0;
else
    bits_info(count) = 1;
end
```

具体的程序说明如下。

这里选择提取的 3 个系数位置为(2,4)、(3,3)、(4,2)，与图 2-1 中 C11、C12、C13 的位置相对应，提取位置必须与嵌入位置一致。

先统计系数为 0 的数目，即绝对值小于 $k(k>0)$ 的系数的个数，其中，k 是嵌入强度。若 3 个系数中，为 0 的数目等于 1 或 3，则提取水印值为 0；若 3 个系数中，为 0 的数目等于 0 或 2，则提取水印值为 1。

3.2.3　用一个系数相对多个系数的平均值的大小关系隐藏图像水印

参照 2.1.3 小节中的描述，下面是 MATLAB 编程实现的核心代码。

（1）水印嵌入

根据式(2-10)、式(2-11)可得水印嵌入的 MATLAB 代码。

```
% 选择 5 个系数位置:
c(1,1) = 1;c(1,2) = 4;
c(2,1) = 2;c(2,2) = 4;
c(3,1) = 4;c(3,2) = 2;
c(4,1) = 4;c(4,2) = 1;
```

```
c(5,1) = 3;c(5,2) = 4;
%计算平均值
average = 0;
for i = 1:5
    average = average + dct_block(c(i,1),c(i,2));
end
average = average/5;
%确定用于水印嵌入的系数位置
dctx = 3;dcty = 3;
%水印嵌入
if ( bits_info(count) == 0  )    %w = 0
    if(dct_block(dctx,dcty)>= average + k)
        %保证修改后的值,关于平均值对称
        dct_block(dctx,dcty) = 2 * average - dct_block(dctx,dcty);
    elseif((dct_block(dctx,dcty)> average - k)&&(dct_block(dctx,dcty)< average + k))
        dct_block(dctx,dcty) = average - k;
    end
elseif ( bits_info(count) == 1 )      %w = 1
    if(dct_block(dctx,dcty)<= average - k)
        %保证修改后的值,关于平均值对称
        dct_block(dctx,dcty) = 2 * average - dct_block(dctx,dcty);
    elseif((dct_block(dctx,dcty)> average - k)&&(dct_block(dctx,dcty)< average + k))
        dct_block(dctx,dcty) = average + k;
    end
end
```

具体的程序说明如下。

这里选择 DCT 分块中计算平均值的 5 个系数位置为 $(1,4)$、$(2,4)$、$(3,4)$、$(4,2)$、$(4,1)$,与图 2-1 中 C7、C13、C12、C11、C10 的位置相对应。

先计算 5 个系数的平均值 average,即将 5 个系数值求和再除 5。

在 5 个系数中,用于嵌入水印的系数位置为"$dctx=3$;$dcty=3$",在图 2-1 中对应第 3 行、第 3 列的位置,即系数 C12 的位置。

① 当待嵌入水印值为 0 时,要满足 C12 小于平均值$-k$,这里的 k 是强度值($k>0$)。在程序实现时,只对不满足要求的情况进行操作。

a. 当"C12$>$average$+k$"时,将 C12 修改为"$2*average-C12$",使得"C12$<$average-k"。

b. 当"average-k$<$C12$<$average$+k$"时,将 C12 赋值为"average-k"。

② 当待嵌入水印值为 1 时,要满足 C12 大于平均值$+k$。在程序实现时,只对不满足要求的情况进行操作。

a. 当"C12$<$average-k"时,将 C12 修改为"$2*average-C12$",使得"C12$>$average$+k$"。

15

b. 当"average-k<C12<average+k"时,将 C12 赋值为"average+k"。

(2) 水印提取

根据式(2-12),可得水印提取的 MATLAB 代码。

```
%选择5个系数位置:
c(1,1) = 1;c(1,2) = 4;
c(2,1) = 2;c(2,2) = 4;
c(3,1) = 4;c(3,2) = 2;
c(4,1) = 4;c(4,2) = 1;
c(5,1) = 3;c(5,2) = 4;
%计算平均值
average = 0;
for i = 1:5
    average = average + dct_block(c(i,1),c(i,2));
end
average = average/5;
%确定用于水印提取的系数位置
dctx = 3;dcty = 3;
%提取水印
if(dct_block(dctx,dcty) < average)    %小于平均值表示水印 0
    bits_info(count) = 0;
else
    bits_info(count) = 1;
end
```

具体的程序说明如下。

这里选择 DCT 分块中计算平均值的 5 个系数位置为(1,4)、(2,4)、(3,4)、(4,2)、(4,1),与图 2-1 中 C7、C13、C12、C11、C10 的位置相对应,与水印嵌入位置一致。

先计算 5 个系数的平均值 average,即将 5 个系数值求和再除 5。

在 5 个系数中,用于提取水印的系数位置为"dctx=3;dcty=3",在图 2-1 中对应第 3 行、第 3 列的位置,即系数 C12 的位置,与水印嵌入位置一致。

若"C12<average",则提取水印值为 0;若"C12>average",则提取水印值为 1。

本节主要针对 MATLAB 实现的基于 DCT 的数字图像水印算法程序的核心代码进行讲解,完整代码见 3.6 节。

3.3　基于 DFT 的数字图像水印算法的基本流程

下面是结合 MATLAB 指令列出的基于 DFT 的数字图像水印算法的基本处理流程。

16

```
Image = imread('XXX.bmp');
ycbcr = rgb2ycbcr(Image);
grayI = ycbcr(:,:,1);
DFTO = fftshift(fft2(grayI));
DFTO 数据分块
频域修改,隐藏信息,生成新分块数据
新分块数据组成 DFTN
newgray = uint8(abs(ifft2(ifftshift(DFTN))));
ycbcr(:,:,1) = newgray;
newImage = ycbcr2rgb(ycbcr);
imwrite(newImage,'wm.bmp');
```

下面是关于此流程的具体阐述。

（1）读取图像，彩色转 ycbcr

使用指令 imread，打开一个图像文件 XXX.bmp，并且将其进行解码，获取的图像数据为 Image。

如果图像文件是一个 8 位灰度图像，那么直接获取的图像数据 Image 就是后面进行数字图像水印处理的数据。如果图像文件是一个 24 位彩色图像，那么一般针对彩色图像的亮度分量实施数字图像水印的嵌入。因此，需要从彩色图像数据中获取亮度分量，这里需要注意的是，为保证嵌入水印后的图像数据可以转换回彩色图像，需要使用指令 rgb2ycbcr，而不能使用指令 rgb2gray。

（2）获取灰度分量

执行指令 rgb2ycbcr 后，得到的数据 ycbcr 的每个像素点仍然对应三个分量，第一个分量是亮度分量，后两个分量是彩色分量。此处针对亮度分量进行图像水印处理，后两个分量保持不变。采用指令 ycbcr(:,:,1)获取亮度分量 grayI。

（3）对亮度分量进行 DFT

使用指令 fftshift(fft2())对亮度分量进行 DFT，得到频域复数数据 DFTO。

指令 fft2 表示进行二维 FFT，指令 fftshift 表示将四个角上的低频分量移至中心区域，方便后续观察和处理。

另外，还需要说明以下两点。

① 在基于 DFT 的图像水印处理中，先进行整体的 DFT，后面再进行分块处理，这点与基于 DCT 的图像水印处理明显不同。

② 这里得到的频域数据 DFTO 是复数数据，不能用指令 abs 对其取模。

（4）频域修改，隐藏信息，生成新的频域数据

对频域数据 DFTO，选择适合水印嵌入的区域，然后进行分块处理，在每个分块中，通过修改频域数据嵌入水印数据，再用新的分块数据替换原数据，得到新的频域数据 DFTN。

另外，还需要说明以下两点。

① 对 DFTO 频域数据而言，一般选择中频区域进行嵌入，这是因为低频区域对图像质量影响太大，高频区域容易受到编码攻击的影响。

② 在每个分块中,一般通过相对关系实现水印嵌入,也就是说,不是凭借某个系数的绝对大小,而是利用两组系数的相对大小关系,一般一个分块嵌入 1 bit 水印信息。

(5) 对新频域数据进行逆变换,生成新的 y 分量

使用指令 uint8(abs(ifft2(ifftshift()))) 对新频域数据 DFTN 进行 DFT 逆变换,得到新的亮度分量图像数据 newgray。下面是该嵌套指令的详细说明。

① 指令 ifftshift:对频域数据先进行反 shift。

② 指令 ifft2:对频域数据进行 DFT 逆变换。

③ 指令 abs:对逆变换的复数数据取模,得到正实数。

④ 指令 uint8:取 8 位无符号整数,得到 0~255 的整数。

这里要注意的是,4 个指令套用的顺序是固定的。

(6) 将新的 y 分量更新到 ycbcr 中

将新亮度分量 newgray 更新到 ycbcr 的第一个分量,后两个分量不变,得到新的 ycbcr。

(7) ycbcr 转 rgb,保存生成水印后的图像

对于新的 ycbcr,使用指令 ycbcr2rgb,得到新的 24 位彩色图像数据。

使用指令 imwrite 保存嵌入水印后的图像文件,这里一般保存为 BMP 文件,因为 BMP 文件没有进行压缩,若保存为其他格式,则数据会有压缩编码,相当于对嵌入水印后的图像数据进行了一次编码攻击。

3.4 基于 DFT 的数字图像水印算法的 MATLAB 编程实现

本书采用的 MATLAB 环境为 MATLAB 2017,下面针对 2.2 节中介绍的基于 DFT 的数字图像水印算法进行 MATLAB 编程实现。

(1) 水印嵌入

根据式(2-14)、式(2-15)可得水印嵌入的 MATLAB 代码,由于代码较长,下面结合程序进行分段讲解。

```
%1.嵌入位置的设置
stepx = 4;%每 bit 嵌入区域的横向步长
stepy = 4;%每 bit 嵌入区域的纵向步长
SG1 = zeros(stepy * stepx/4, 2);
SG2 = zeros(stepy * stepx/4, 2);
%右上角的系数
count = 1;
for r = 1 : stepy/2
    for c = stepx/2 + 1 : stepx
        SG1(count, 1) = r;
        SG1(count, 2) = c;
        count = count + 1;
    end
end
```

```
% 左下角的系数
count = 1;
for r = stepy/2 + 1 : stepy
    for c = 1 : stepx/2
        SG2(count, 1) = r;
        SG2(count, 2) = c;
        count = count + 1;
    end
end
```

具体的程序说明如下。

这段程序用于分块内嵌入水印的小块位置设置。

首先设置频域数据分块为 4×4，在每个分块内，定义小块 SG1 和 SG2 的位置。SG1 表示第 $1 \sim 2$ 行中第 $3 \sim 4$ 列的 2×2 的范围，SG2 表示第 $3 \sim 4$ 行中第 $1 \sim 2$ 列的 2×2 的范围。

```
% 2. 分块能量统计
fft_block = fftHuge_wm((r-1) * stepy + 1 : r * stepy, (c-1) * stepx + 1 : c * stepx);
% 计算能量及幅角
ext = abs(fft_block); % 幅度
theta = angle(fft_block); % 相角
e1 = 0;
e2 = 0;
for i = 1 : size(SG1,1)
    e1 = e1 + ext(SG1(i,1), SG1(i,2));
    e2 = e2 + ext(SG2(i,1), SG2(i,2));
end
```

具体的程序说明如下。

获取当前频域数据块 fft_block，计算 fft_block 对应的幅度矩阵"ext"和相位角矩阵"theta"，分别针对 SG1 和 SG2 的位置统计能量和，得到 e1 和 e2。

```
% 3. 根据水印值修改频域能量
if ( bits_info(count) == 0 && (e1 - e2) < k )
    % 每个系数的修改量，size(SG1,1)表示每个区域的点数
    delta = (k - e1 + e2)/(2 * size(SG1,1));
    for i = 1 : size(SG1,1)
        ext(SG1(i,1), SG1(i,2)) = ext(SG1(i,1), SG1(i,2)) + delta;
        ext(SG2(i,1), SG2(i,2)) = ext(SG2(i,1), SG2(i,2)) - delta;
    end
```

```
elseif ( bits_info(count) == 1 && (e2 − e1) < k)
    % 每个系数的修改量, size(SG1,1)表示每个区域的点数
    delta = (k − e2 + e1)/(2 * size(SG1,1));
    for i = 1 : size(SG1,1)
        ext(SG2(i,1), SG2(i,2)) = ext(SG2(i,1), SG2(i,2)) + delta;
        ext(SG1(i,1), SG1(i,2)) = ext(SG1(i,1), SG1(i,2)) − delta;
    end
end
```

具体的程序说明如下。

根据当前待嵌入的水印值,修改 SG1 和 SG2 的能量值,在程序实现中,只针对不满足要求的情况进行修改。

当待嵌入的水印值为 0 时,要满足"e1>e2+k",其中,$k(k>0)$表示强度。

若当前"(e1−e2) < k",则计算需要修改的量值 delta,对 SG1 中的每个点增加 delta,对 SG2 中的每个点减少 delta。

当待嵌入的水印值为 1 时,要满足"e2>e1+k",其中,$k(k>0)$是强度。

若当前"(e2−e1) < k",则计算需要修改的量值 delta,对 SG2 中的每个点增加 delta,对 SG1 中的每个点减少 delta。

```
% 4.恢复FFT分块系数矩阵
re = ext. * cos(theta);
im = ext. * sin(theta);
fft_block = re + 1i * im;
% 将修改后的 FFT 系数置回
fftHuge_wm((r−1) * stepy+1 : r * stepy, (c−1) * stepx+1 : c * stepx) = fft_block;
% 将修改后的共轭 FFT 系数转置后置回
fftHuge_wm( end−r * stepy+1 : end−(r−1) * stepy, end−c * stepx+1 : end−(c−1)
        * stepx ) = rot90(conj(fft_block), 2);
```

具体的程序说明如下。

根据当前分块的能量矩阵"ext",结合相位角矩阵"theta",计算新的实部矩阵"re"和新的虚部矩阵"im",并构成新的频域数据块"fft_block"。

用新的频域数据块"fft_block"替换原位置的频域数据块;

需要重点解释的是,最后一行代码表示将"fft_block"的共轭转置矩阵数据替换原位置的共轭位置的频域数据。

(2) DFT 的共轭对称

首先,举一个简单的例子,对 DFT 的共轭对称进行说明。

定义一块 5×5 的数据"a"。

```
a = ones(5,5);
a(3:5,3:5) = 0;
```

```
a =
     1   1   1   1   1
     1   1   1   1   1
     1   1   0   0   0
     1   1   0   0   0
     1   1   0   0   0
```

进行二维 FFT,并观察频域数据。

```
b = fft2(a)
b =
```

16.0000	3.9271 − 2.8532i	0.5729 − 1.7634i	0.5729 + 1.7634i	3.9271 + 2.8532i
3.9271 − 2.8532i	−0.8090 + 2.4899i	0.3090 + 0.9511i	−0.8090 − 0.5878i	−2.6180
0.5729 − 1.7634i	0.3090 + 0.9511i	0.3090 + 0.2245i	−0.3820 − 0.0000i	−0.8090 + 0.5878i
0.5729 + 1.7634i	−0.8090 − 0.5878i	−0.3820 + 0.0000i	0.3090 − 0.2245i	0.3090 − 0.9511i
3.9271 + 2.8532i	−2.6180	−0.8090 + 0.5878i	0.3090 − 0.9511i	−0.8090 − 2.4899i

对频域数据进行 shift,共轭对称会更明显。

```
b1 = fftshift(b)
b1 =
```

0.3090 − 0.2245i	0.3090 − 0.9511i	0.5729 + 1.7634i	−0.8090 − 0.5878i	−0.3820 + 0.0000i
0.3090 − 0.9511i	−0.8090 − 2.4899i	3.9271 + 2.8532i	−2.6180	−0.8090 + 0.5878i
0.5729 + 1.7634i	3.9271 + 2.8532i	16.0000	3.9271 − 2.8532i	0.5729 − 1.7634i
−0.8090 − 0.5878i	−2.6180	3.9271 − 2.8532i	0.8090 + 2.4899i	0.3090 + 0.9511i
−0.3820 − 0.0000i	−0.8090 + 0.5878i	0.5729 − 1.7634i	0.3090 + 0.9511i	0.3090 + 0.2245i

可以明显看出,频域数据按照中心共轭对称,即实部相同、虚部相反。

另外,需要注意的是,当以分块为单位进行共轭对称时,分块需要进行位置转置。如图 3-1 所示,对于一个 2×2 分块,当其进行共轭对称时,位置上会有一个转置,即逆时针旋转 180°。

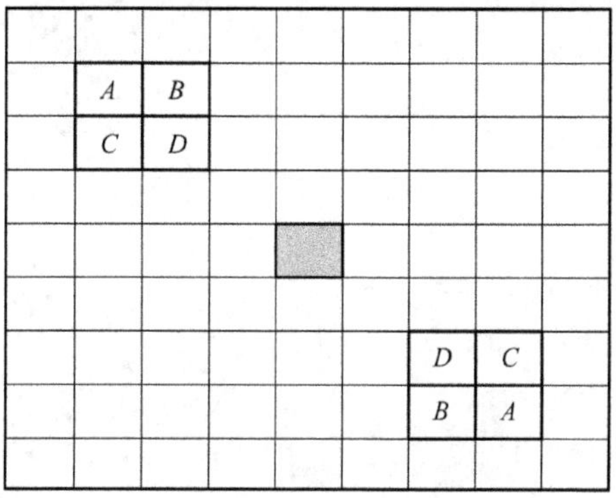

图 3-1　分块共轭对称效果图

所以,在程序实现时,共轭对称块使用指令 rot90(conj(fft_block),2)实现,先对新频域数据 fft_block 取共轭,再对新数据进行两次逆时针旋转 90°,即逆时针旋转 180°。

(3) DFT 图像水印嵌入后的效果

对嵌入水印后的新亮度分量 newgray,使用指令 uint8(abs(fftshift(fft2(newgray)))/100),组合观察频域幅度数据,可以得到 DFT 图像水印嵌入后的幅度谱图像,如图 3-2 所示。

图 3-2　DFT 图像水印嵌入后的幅度谱图像

(4) 水印提取

根据式(2-16)可得水印提取的 MATLAB 代码。

```
% 1.提取位置的设置
stepx = 4;% 每 bit 嵌入区域的横向步长
stepy = 4;% 每 bit 嵌入区域的纵向步长
SG1 = zeros(stepy * stepx/4, 2);
SG2 = zeros(stepy * stepx/4, 2);
% 右上角的系数
count = 1;
for r = 1 : stepy/2
    for c = stepx/2 + 1 : stepx
        SG1(count, 1) = r;
        SG1(count, 2) = c;
        count = count + 1;
```

```
        end
    end
    % 左下角的系数
    count = 1;
    for r = stepy/2 + 1 : stepy
        for c = 1 : stepx/2
            SG2(count, 1) = r;
            SG2(count, 2) = c;
            count = count + 1;
        end
    end
    % 2.计算 e1 和 e2
    ext = abs(fft_block); % 幅度
    e1 = 0;
    e2 = 0;
    for i = 1 : size(SG1,1)
        e1 = e1 + ext(SG1(i,1), SG1(i,2));
        e2 = e2 + ext(SG2(i,1), SG2(i,2));
    end
    % 根据 e1 和 e2 关系,提取水印
    if ( e1 >= e2 )
        bits_info(count) = 0;
    else
        bits_info(count) = 1;
    end
```

具体的程序说明如下。

首先设置频域数据分块为 4×4,在每个分块内,定义小块 SG1 和 SG2 的位置。SG1 表示第 1～2 行中第 3～4 列的 2×2 的范围,SG2 表示第 3～4 行中第 1～2 列的 2×2 的范围,这个定义与嵌入过程完全一致。

计算当前块"fft_block"对应的幅度矩阵"ext",分别针对 SG1 和 SG2 的位置统计能量和,得到 e1 和 e2。

根据 e1 和 e2 的相对关系提取水印。若"e1＞＝e2",则提取水印值为 0;若"e1＜e2",则提取水印值为 1。

本节主要针对 MATLAB 实现的基于 DFT 的数字图像水印算法程序的核心代码进行讲解,完整代码见 3.6 节。

3.5 实验测试与对比分析

以 Lena. bmp 为测试图像,对基于 DCT 和基于 DFT 的数字图像水印算法进行实验测试和对比分析。

主要从透明性和鲁棒性两方面进行研究。在透明性方面,统计不同嵌入强度下的PSNR;在鲁棒性方面,对嵌入水印后的图像分别进行 JPEG 编码攻击、旋转攻击以及缩放攻击,从攻击后的图像中提取水印,并统计提取的比特出错概率(BER)。PSNR 与 BER 的计算方法见本书 6.3 节。

测试图像 Lena 如图 3-3 所示,尺寸为 512×512,嵌入水印内容为"123456789123456789 123456789123456789",共计 36 个字符,288 bit。

图 3-3 测试图像 Lena

2.1.1 小节中的算法记为 DCT1,2.1.2 小节中的算法记为 DCT2,2.1.3 小节中的算法记为 DCT3,2.2 节中的算法记为 DFT。

1. 透明性

计算不同嵌入强度下 4 种算法的 PSNR,统计结果如表 3-1 所示。在表 3-1 中,DCT1、DCT2、DCT3 选择的 5 个嵌入强度为 10、20、30、40、50;DFT 选择的 5 个嵌入强度为10 000、20 000、30 000、40 000、50 000。

表 3-1 基于 DCT 和 DFT 的数字图像水印算法的 PSNR 统计

算法名称	不同嵌入强度下的 PSNR(dB)				
	强度 1	强度 2	强度 3	强度 4	强度 5
DCT1	57.48	51.69	48.14	45.67	43.72
DCT2	55.04	49.05	45.53	43.03	41.1
DCT3	57.68	51.69	48.2	45.68	43.76
DFT	56.64	51.05	47.98	45.65	43.8

从表 3-1 可看出，随着嵌入强度的增加，4 种算法的 PSNR 都会随之下降，其中，DCT1、DCT3 与 DFT 的 PSNR 效果相近。

2. 鲁棒性

对嵌入水印后的图像，首先进行无攻击下的图像水印提取，然后再分别进行 JPEG 编码攻击、旋转攻击以及缩放攻击，最后针对攻击后的图像提取水印，并统计提取的比特出错概率。

（1）无攻击下的水印提取

无攻击条件下，计算不同嵌入强度下 4 种算法的 BER，统计结果如表 3-2 所示。从表 3-2 可看出，4 种算法在无攻击下进行图像水印提取时，均能完全正确提取。

表 3-2　无攻击下水印提取的统计结果

算法名称	不同嵌入强度下的 BER				
	强度 1	强度 2	强度 3	强度 4	强度 5
DCT1	0	0	0	0	0
DCT2	0	0	0	0	0
DCT3	0	0	0	0	0
DFT	0	0	0	0	0

（2）JPEG 编码攻击

JPEG 编码攻击条件下，进行 4 种算法抗 JPEG 编码攻击的测试，统计结果如表 3-3 所示。从表 3-3 中可以看出，遇到 JPEG 编码攻击时，DCT 算法的鲁棒性略好于 DFT 算法，总体来讲，DCT1 算法的性能较好。

表 3-3　4 种算法抗 JPEG 编码攻击的统计结果

JPEG 攻击参数	算法名称	不同嵌入强度下的 BER				
		强度 1	强度 2	强度 3	强度 4	强度 5
品质因数：90	DCT1	0.038 2	0	0	0	0
	DCT2	0.076 4	0	0	0	0
	DCT3	0.031 3	0	0	0	0
	DFT	0.024 3	0	0	0	0
品质因数：70	DCT1	0.243 1	0.090 3	0.020 8	0	0
	DCT2	0.152 8	0.118 1	0.072 9	0	0
	DCT3	0.277 8	0.086 8	0.017 4	0	0
	DFT	0.138 9	0.031 3	0.006 9	0.006 9	0.010 4
品质因数：50	DCT1	0.531 3	0.291 7	0.111 1	0.086 8	0.003 5
	DCT2	0.208 3	0.152 8	0.097 2	0.093 8	0.069 4
	DCT3	0.510 4	0.270 8	0.135 4	0.090 3	0.006 9
	DFT	0.312 5	0.135 4	0.090 3	0.072 9	0.066
品质因数：30	DCT1	0.541 7	0.545 1	0.288 2	0.25	0.104 2
	DCT2	0.458 3	0.187 5	0.152 8	0.131 9	0.104 2
	DCT3	0.548 6	0.552 1	0.274 3	0.232 6	0.111 1
	DFT	0.402 8	0.319 4	0.232 6	0.166 7	0.152 8

（3）旋转攻击

旋转攻击条件下，进行 4 种算法抗旋转攻击的测试，统计结果如表 3-4 所示。从表 3-4 中可以看出，当遇到旋转攻击时，DFT 算法的鲁棒性明显好于 DCT 算法，而且在旋转攻击中，并不是旋转角度越大，BER 越差。

表 3-4　4 种算法抗旋转攻击的统计结果

旋转攻击参数	算法名称	不同嵌入强度下的 BER				
		强度 1	强度 2	强度 3	强度 4	强度 5
旋转角度：10°	DCT1	0.333 3	0.340 3	0.333 3	0.340 3	0.333 3
	DCT2	0.388 9	0.402 8	0.368 1	0.350 7	0.361 1
	DCT3	0.336 8	0.322 9	0.326 4	0.312 5	0.302 1
	DFT	0.361 1	0.187 5	0.131 9	0.111 1	0.104 2
旋转角度：20°	DCT1	0.378 5	0.375	0.375	0.378 5	0.375
	DCT2	0.479 2	0.458 3	0.451 4	0.503 5	0.538 2
	DCT3	0.364 6	0.333 3	0.305 6	0.295 1	0.281 3
	DFT	0.302 1	0.149 3	0.125	0.090 3	0.079 9
旋转角度：30°	DCT1	0.25	0.208 3	0.204 9	0.194 4	0.197 9
	DCT2	0.416 7	0.5	0.503 5	0.520 8	0.586 8
	DCT3	0.326 4	0.316	0.305 6	0.298 6	0.302 1
	DFT	0.194 4	0.062 5	0.027 8	0.031 3	0.027 8

（4）缩放攻击

缩放攻击条件下，进行 4 种算法抗旋转攻击的测试，统计结果如表 3-5 所示。从表 3-5 中可以看出，当遇到放大攻击时，DFT 算法和 DCT 算法均可以很好地抵抗攻击；当遇到缩小攻击时，DFT 算法的鲁棒性明显好于 DCT 算法的鲁棒性。

表 3-5　4 种算法抗缩放攻击的统计结果

缩放攻击参数	算法名称	不同嵌入强度下的 BER				
		强度 1	强度 2	强度 3	强度 4	强度 5
缩放比例：1.5	DCT1	0	0	0	0	0
	DCT2	0	0	0	0	0
	DCT3	0	0	0	0	0
	DFT	0	0	0	0	0
缩放比例：1.2	DCT1	0	0	0	0	0
	DCT2	0	0	0	0	0
	DCT3	0	0	0	0	0
	DFT	0	0	0	0	0

缩放攻击参数	算法名称	不同嵌入强度下的 BER				
		强度 1	强度 2	强度 3	强度 4	强度 5
缩放比例:0.7	DCT1	0.017 4	0.013 9	0.013 9	0.006 9	0.013 9
	DCT2	0.454 9	0.458 3	0.458 3	0.458 3	0.458 3
	DCT3	0.031 3	0.020 8	0.013 9	0.017 4	0.017 4
	DFT	0.006 9	0	0	0	0
缩放比例:0.6	DCT1	0.069 4	0.020 8	0.013 9	0.017 4	0.020 8
	DCT2	0.458 3	0.458 3	0.458 3	0.458 3	0.458 3
	DCT3	0.090 3	0.041 7	0.031 3	0.020 8	0.020 8
	DFT	0.024 3	0	0	0	0
缩放比例:0.5	DCT1	0.527 8	0.506 9	0.5	0.458 3	0.437 5
	DCT2	0.458 3	0.458 3	0.458 3	0.458 3	0.458 3
	DCT3	0.5	0.461 8	0.430 6	0.479 2	0.434
	DFT	0.093 8	0.027 8	0.006 9	0.010 4	0.003 5

综合上述实验可知:当遇到 JPEG 编码攻击时,DCT 算法的鲁棒性好于 DFT 算法的鲁棒性;当遇到几何攻击时,DFT 算法的鲁棒性明显好于 DCT 算法的鲁棒性。

3.6 MATLAB 实现的数字图像水印算法的完整程序

3.6.1 基于 DCT 的数字图像水印算法程序

本小节共包括 8 个主要程序文件。
- DCT 水印算法嵌入主程序,文件名为 watermark.m。
- DCT 水印算法提取主程序,文件名为 extraWM.m。
- 3.2.1 小节的水印算法嵌入程序,文件名为 EmbedWM_DCT2.m。
- 3.2.1 小节的水印算法提取程序,文件名为 ExtractWM_DCT2.m。
- 3.2.2 小节的水印算法嵌入程序,文件名为 EmbedWM_DCT1.m。
- 3.2.2 小节的水印算法提取程序,文件名为 ExtractWM_DCT1.m。
- 3.2.3 小节的水印算法嵌入程序,文件名为 EmbedWM_DCT3.m。
- 3.2.3 小节的水印算法提取程序,文件名为 ExtractWM_DCT3.m。

(1) DCT 水印算法嵌入主程序

```
function p = watermark()
 % 使用 DCT 方法,实现图片水印嵌入
chars_info = char('123456789123456789123456789123456789');
fprintf('原始水印信息\n % s \n', chars_info);
```

```
bits_info = reshape(de2bi(uint8(chars_info),8,'left - msb'),[],1);
yuanImg = imread('Lena2.bmp');
k = 50;    % DCT 用的系数
wmImg = [];
yuanImgYUV = [];
DCTnum = 2;     % 表示采用 DCT1/DCT2/DCT3 算法
% 彩色图像水印嵌入
yuanImgYUV = rgb2ycbcr(yuanImg);
if(DCTnum == 1)
    yuanImgYUV(:,:,1) = EmbedWM_DCT1(yuanImgYUV(:,:,1), bits_info, k,1);
elseif(DCTnum == 2)
    yuanImgYUV(:,:,1) = EmbedWM_DCT2(yuanImgYUV(:,:,1), bits_info, k,1);
elseif(DCTnum == 3)
    yuanImgYUV(:,:,1) = EmbedWM_DCT3(yuanImgYUV(:,:,1), bits_info, k,1);
end
wmImg = ycbcr2rgb(yuanImgYUV);
imwrite(wmImg,'wm.bmp');
```

(2) DCT 水印算法提取主程序

```
function p = extraWM()
% 提取水印时,不需要原始水印内容,但是需要水印的长度
chars_info = char('12345678912345678912345678912345 6789');
fprintf('原始水印信息\n %s \n', chars_info);
bits_info = reshape(de2bi(uint8(chars_info),8,'left - msb'),[],1);
DCTnum = 2;             % 表示采用 DCT1/DCT2/DCT3 算法
k = 10;             % 只有 DCT1 提取需要强度 k
% 下面进行水印提取
wmImg = imread('wm.bmp');
% 彩色图像提取水印
wmImgYUV = [];
wmImgYUV = rgb2ycbcr(wmImg);
if(DCTnum == 1)
    bits_info_ext = ExtractWM_DCT1(wmImgYUV(:,:,1), length(bits_info),1,k);
elseif(DCTnum == 2)
    bits_info_ext = ExtractWM_DCT2(wmImgYUV(:,:,1), length(bits_info),1);
elseif(DCTnum == 3)
    bits_info_ext = ExtractWM_DCT3(wmImgYUV(:,:,1), length(bits_info),1);
end
```

```
% 二进制数组转换为字符串
extrastr = '';
[m n] = size(bits_info_ext);
for x = 1:m/8
    temp = bi2de(bits_info_ext((x-1)*8+1:x*8)','left-msb');
    extrastr = [extrastr char(temp)];
end
extrastr
ber(bits_info_ext, bits_info)
```

（3）3.2.1 小节的水印算法嵌入程序

```
function fw = EmbedWM_DCT2(f, bits_info, k, type)
len_info = length(bits_info); % 嵌入信息的长度
stepsize = 4;   % 表示 DCT 块为 4×4
wmax_block = floor(size(f,2)/stepsize);    % 横向最大块
hmax_block = floor(size(f,1)/stepsize);    % 纵向最大块
% 判断水印的长度是否有效
if( wmax_block * hmax_block < len_info )
    disp('水印信息过长\n');
    return;
end
% 获取进行水印处理的区域
% startx = floor(size(f,2) - wmax_block * stepsize)/2 + 1;
% starty = floor(size(f,1) - hmax_block * stepsize)/2 + 1;
% 选择嵌入水印的位置
dctx = 3; dcty = 3;
% fw 表示输出的嵌入水印的图像
fw = f;
count = 1; % 表示当前嵌入水印的序号
% 水印嵌入过程
for row = 1 : hmax_block         % 纵向块有多少行
    for column = 1 : wmax_block     % 横向块有多少列
        % 获取当前进行 DCT 处理的图像块
        dct_image = f( (row-1)*stepsize+1 : row*stepsize, (column-1)
                    * stepsize+1 : column*stepsize );
        % 进行 DCT,得到 DCT 后的 DCT 块
        if(type == 1)
```

```
    % 水印规则 :w = 1,用 > = k 表示 ;w = 0,用 < = - k 表示
    if ( bits_info(count) == 0  )          % w = 0,用 < = - k
        if(dct_block(dctx,dcty) > = k)
            dct_block(dctx,dcty) = - dct_block(dctx,dcty);
        elseif((dct_block(dctx,dcty) > - k)&&(dct_block(dctx,dcty) < k))
            dct_block(dctx,dcty) = - k;
        end
    elseif ( bits_info(count) == 1 )        % w = 1,用 > = k 表示
        if(dct_block(dctx,dcty) < = - k)
            dct_block(dctx,dcty) = - dct_block(dctx,dcty);
        elseif((dct_block(dctx,dcty) > - k)&&(dct_block(dctx,dcty) < k))
            dct_block(dctx,dcty) = k;
        end
    end
elseif(type == 2)
    % 水印规则 :w = 1,用 < = - k 表示 ;w = 0,用 > = k 表示
    if ( bits_info(count) == 1  )          % w = 0,用 < = - k
        if(dct_block(dctx,dcty) > = k)
            dct_block(dctx,dcty) = - dct_block(dctx,dcty);
        elseif((dct_block(dctx,dcty) > - k)&&(dct_block(dctx,dcty) < k))
            dct_block(dctx,dcty) = - k;
        end
    elseif ( bits_info(count) == 0 )        % w = 1,用 > = k 表示
        if(dct_block(dctx,dcty) < = - k)
            dct_block(dctx,dcty) = - dct_block(dctx,dcty);
        elseif((dct_block(dctx,dcty) > - k)&&(dct_block(dctx,dcty) < k))
            dct_block(dctx,dcty) = k;
        end
    end
end
% 得到处理后的空域图像
dct_image2 = idct2(dct_block);
% 将嵌入水印的图像块,赋值给输出的图像
% fw((row - 1) * stepsize + 1 : row * stepsize, (column - 1) * stepsize + 1 :
    column * stepsize ) = uint8(dct_image);
fw( (row - 1) * stepsize + 1 : row * stepsize, (column - 1) * stepsize + 1 :
    column * stepsize ) = dct_image2;
% 对当前水印计数的控制
```

```matlab
            count = count + 1;
            if ( count > len_info )
                break;    % 对列循环的跳出
            end
        end
        if ( count > len_info )
            break;    % 对行循环的跳出
        end
    end
end
fw = uint8(fw);
mse = mymse(f,fw,size(f,2),size(f,1));
psnr = 10 * log10(255^2/mse);
fprintf('PSNR = %f\n', psnr);
```

(4) 3.2.1 小节的水印算法提取程序

```matlab
function bits_info = ExtractWM_DCT2(fw, len_info,type)
% 计算可以实现 DCT 的行列块数
stepsize = 4;    % 表示 DCT 块为 4×4
wmax_block = floor(size(fw,2)/stepsize);    % 横向最大块
hmax_block = floor(size(fw,1)/stepsize);    % 纵向最大块
% 判断水印的长度是否有效
if( wmax_block * hmax_block < len_info )
    disp('水印信息过长\n');
    return;
end
% 选择嵌入水印的位置
dctx = 3;dcty = 3;
count = 1; % 表示当前提取水印的序号
bits_info = zeros(len_info, 1);                % 提取信息初始化
% 水印提取过程
for row = 1 : hmax_block                % 纵向块有多少行
    for column = 1 : wmax_block         % 横向块有多少列
        % 获取当前进行 DCT 处理的图像块
        dct_image = fw( (row-1) * stepsize+1 : row * stepsize, (column-1)
                * stepsize+1 : column * stepsize );
        % 进行 DCT,得到 DCT 后的 DCT 块
        dct_block = dct2(dct_image);
        % 下面进行 dct 块的处理,提取水印
```

31

```
            if(type = = 1)
                if(dct_block(dctx,dcty) > = 0)     % 小于 0 表示水印 0
                    bits_info(count) = 1;
                else
                    bits_info(count) = 0;
                end
            elseif(type = = 2)
                if(dct_block(dctx,dcty) < = 0)     % 大于 0 表示水印 0
                    bits_info(count) = 1;
                else
                    bits_info(count) = 0;
                end
            end
            % 对当前水印计数的控制
            count = count + 1;
            if ( count > len_info )
                break;    % 对列循环的跳出
            end
        end
        if ( count > len_info )
            break;    % 对行循环的跳出
        end
    end
end
```

(5) 3.2.2 小节的水印算法嵌入程序

```
function fw = EmbedWM_DCT1(f, bits_info, k,type)
len_info = length(bits_info);% 嵌入信息的长度
% 计算可以实现 DCT 的行列块数
stepsize = 4;    % 表示 DCT 块为 4×4
wmax_block = floor(size(f,2)/stepsize);     % 横向最大块
hmax_block = floor(size(f,1)/stepsize);     % 纵向最大块
% 判断水印的长度是否有效
if( wmax_block * hmax_block < len_info )
    disp('水印信息过长\n');
    return;
end
% 选择嵌入水印的三个系数位置:C1,C2,C3
c(1,1) = 2;c(1,2) = 4;
```

```matlab
c(2,1) = 3;c(2,2) = 3;
c(3,1) = 4;c(3,2) = 2;
% fw 表示输出的嵌入水印的图像
fw = f;
count = 1;                              % 表示当前嵌入水印的序号
% 水印嵌入过程
for row = 1 : hmax_block                % 纵向块有多少行
    for column = 1 : wmax_block         % 横向块有多少列
        % 获取当前进行 DCT 处理的图像块
        dct_image = f( (row - 1) * stepsize + 1 : row * stepsize, (column - 1)
                    * stepsize + 1 : column * stepsize );
        % 进行 DCT,得到 DCT 后的 DCT 块
        dct_block = dct2(dct_image);
        zeronum = 0;
        for i = 1:3
            if (abs(dct_block(c(i,1),c(i,2))) <= k)
                zeronum = zeronum + 1;
            end
        end
        if ( bits_info(count) == 0 % w ) = 0
            if(zeronum == 2)         % 两个 0 时,将那个非 0 置为 0
                for i = 1:3
                    if (abs(dct_block(c(i,1),c(i,2))) > k)
                        dct_block(c(i,1),c(i,2)) = 0;
                    end
                end
            elseif(zeronum == 0)    % 当 0 个 0 时,将一个最小的非 0 置为 0
                % 获取 3 个系数中的最小值
                minindex = 1;
                for i = 2:3
    if(abs(dct_block(c(i,1),c(i,2))) < abs(dct_block(c(minindex,1),c
    (minindex,2))))
                        minindex = i;
                    end
                end
                dct_block(c(minindex,1),c(minindex,2)) = 0;
            end
        elseif ( bits_info(count) == 1 )           % w = 1
```

```
            if(zeronum == 3)              %3个0时,将一个0置为非0
                dct_block(c(2,1),c(2,2)) = 2 * k;
            elseif(zeronum == 1)          %1个0时,将这个0置为非0
                for i = 1:3
                    if (abs(dct_block(c(i,1),c(i,2))) <= k)
                        dct_block(c(i,1),c(i,2)) = 2 * k;
                    end
                end
            end
        end
        % 得到处理后的空域图像
        dct_image = idct2(dct_block);
        % 将嵌入水印的图像块,赋值给输出的图像
        fw( (row - 1) * stepsize + 1 : row * stepsize, (column - 1) * stepsize +
            1 : column * stepsize ) = uint8(dct_image);
        % 对当前水印计数的控制
        count = count + 1;
        if ( count > len_info )
            break;                        % 对列循环的跳出
        end
    end
    if ( count > len_info )
        break;                            % 对行循环的跳出
    end
end
mse = mymse(f,fw,size(f,2),size(f,1));
psnr = 10 * log10(255^2/mse);
fprintf('PSNR = %f\n', psnr);
```

(6) 3.2.2小节的水印算法提取程序

```
function bits_info = ExtractWM_DCT1(fw, len_info,type,k)
% 计算可以实现 DCT 的行列块数
stepsize = 4;    % 表示 DCT 块为 4×4
wmax_block = floor(size(fw,2)/stepsize);    % 横向最大块
hmax_block = floor(size(fw,1)/stepsize);    % 纵向最大块
% 判断水印的长度是否有效
if( wmax_block * hmax_block < len_info )
    disp('水印信息过长\n');
```

```matlab
        return;
    end
    % 选择嵌入水印的三个系数位置:C1,C2,C3
    c(1,1) = 2;c(1,2) = 4;
    c(2,1) = 3;c(2,2) = 3;
    c(3,1) = 4;c(3,2) = 2;
    count = 1;                          % 表示当前提取水印的序号
    bits_info = zeros(len_info, 1);     % 提取信息初始化
    % 水印提取过程
    for row = 1 : hmax_block            % 纵向块有多少行
        for column = 1 : wmax_block     % 横向块有多少列
            % 获取当前进行 DCT 处理的图像块
            dct_image = fw( (row - 1) * stepsize + 1 : row * stepsize, (column - 1)
                        * stepsize + 1 : column * stepsize );
            % 进行 DCT,得到 DCT 后的 DCT 块
            dct_block = dct2(dct_image);
            % 统计 0 的数目
            zeronum = 0;
            for i = 1:3
                if (abs(dct_block(c(i,1),c(i,2))) <= k)
                    zeronum = zeronum + 1;
                end
            end
            % 下面进行 dct 块的处理,提取水印
            if ((zeronum == 1)||(zeronum == 3))
                bits_info(count) = 0;
            else
                bits_info(count) = 1;
            end
            % 对当前水印计数的控制
            count = count + 1;
            if ( count > len_info )
                break;                  % 对列循环的跳出
            end
        end
        if ( count > len_info )
            break;                      % 对行循环的跳出
        end
    end
end
```

（7）3.2.3 小节的水印算法嵌入程序

```
function fw = EmbedWM_DCT3(f, bits_info, k, type)
len_info = length(bits_info);              % 嵌入信息的长度
% 计算可以实现 DCT 的行列块数
stepsize = 4;    % 表示 DCT 块为 4×4
wmax_block = floor(size(f,2)/stepsize);    % 横向最大块
hmax_block = floor(size(f,1)/stepsize);    % 纵向最大块
% 判断水印的长度是否有效
if( wmax_block * hmax_block < len_info )
    disp('水印信息过长\n');
    return;
end
% 选择 5 个系数位置:C(5,2)
c(1,1)=1;c(1,2)=4;                         % C1 系数的 x,y
c(2,1)=2;c(2,2)=4;
c(3,1)=4;c(3,2)=2;
c(4,1)=4;c(4,2)=1;
c(5,1)=3;c(5,2)=4;
% 选择嵌入水印的位置
dctx = 3;dcty = 3;
% fw 表示输出的嵌入水印的图像
fw = f;
count = 1;% 表示当前嵌入水印的序号
% 水印嵌入过程
for row = 1 : hmax_block                   % 纵向块有多少行
    for column = 1 : wmax_block            % 横向块有多少列
        % 获取当前进行 DCT 处理的图像块
        dct_image = f( (row-1) * stepsize + 1 : row * stepsize,(column-1)
                   * stepsize + 1 : column * stepsize );
        % 进行 DCT,得到 DCT 后的 DCT 块
        dct_block = dct2(dct_image);
        % 下面进行 dct 块的处理,嵌入水印
        average = 0;
        for  i = 1:5
            average = average + dct_block(c(i,1),c(i,2));
        end
        average = average/5;
        if ( bits_info(count) == 0  )     % w = 0
```

```matlab
            if(dct_block(dctx,dcty)>= average + k)
                % 保证修改后的值,关于平均值对称
                dct_block(dctx,dcty) = 2 * average - dct_block(dctx,dcty);
            elseif((dct_block(dctx,dcty)> average - k)&&(dct_block(dctx,dcty)< average + k))
                dct_block(dctx,dcty) = average - k;
            end
        elseif ( bits_info(count) == 1 )        % w = 1
            if(dct_block(dctx,dcty)<= average - k)
                % 保证修改后的值,关于平均值对称
                dct_block(dctx,dcty) = 2 * average - dct_block(dctx,dcty);
            elseif((dct_block(dctx,dcty)> average - k)&&(dct_block(dctx,dcty)< average + k))
                dct_block(dctx,dcty) = average + k;
            end
        end
        % 得到处理后的空域图像
        dct_image = idct2(dct_block);
        % 将嵌入水印的图像块,赋值给输出的图像
        fw( (row - 1) * stepsize + 1 : row * stepsize, (column - 1) * stepsize +
            1 : column * stepsize ) = uint8(dct_image);
        % 对当前水印计数的控制
        count = count + 1;
        if ( count > len_info )
            break;                              % 对列循环的跳出
        end
    end
    if ( count > len_info )
        break;                                  % 对行循环的跳出
    end
end
mse = mymse(f,fw,size(f,2),size(f,1));
psnr = 10 * log10(255^2/mse);
fprintf('PSNR = %f\n', psnr);
```

(8) 3.2.3 小节的水印算法提取程序

```matlab
function bits_info = ExtractWM_DCT3(fw, len_info,type)
% 计算可以实现 DCT 的行列块数
stepsize = 4;   % 表示 DCT 块为 4×4
wmax_block = floor(size(fw,2)/stepsize);     % 横向最大块
```

```matlab
hmax_block = floor(size(fw,1)/stepsize);        % 纵向最大块
% 判断水印的长度是否有效
if( wmax_block * hmax_block < len_info )
    disp('水印信息过长\n');
    return;
end
% 选择5个系数位置:C(5,2)
c(1,1) = 1;c(1,2) = 4;                           % C1 系数的 x,y
c(2,1) = 2;c(2,2) = 4;
c(3,1) = 4;c(3,2) = 2;
c(4,1) = 4;c(4,2) = 1;
c(5,1) = 3;c(5,2) = 4;
% 选择嵌入水印的位置
dctx = 3;dcty = 3;
count = 1; % 表示当前提取水印的序号
bits_info = zeros(len_info, 1);                  % 提取信息初始化
% 水印提取过程
for row = 1 : hmax_block                         % 纵向块有多少行
    for column = 1 : wmax_block                  % 横向块有多少列
        % 获取当前进行 DCT 处理的图像块
        dct_image = fw( (row-1) * stepsize + 1 : row * stepsize, (column-1)
                    * stepsize + 1 : column * stepsize );
        % 进行 DCT,得到 DCT 后的 DCT 块
        dct_block = dct2(dct_image);
        % 水印规则:水印 1:系数 > ～A
        % 水印 0:系数 < ～A
        % 计算平均值
        average = 0;
        for  i = 1:5
            average = average + dct_block(c(i,1),c(i,2));
        end
        average = average/5;
        % 下面进行 dct 块的处理,提取水印
        if(dct_block(dctx,dcty) < average)       % 小于平均值表示水印 0
            bits_info(count) = 0;
        else
            bits_info(count) = 1;
        end
```

```
            % 对当前水印计数的控制
            count = count + 1;
            if ( count > len_info )
                break;    % 对列循环的跳出
            end
        end
        if ( count > len_info )
            break;    % 对行循环的跳出
        end
    end
end
```

3.6.2　基于 DFT 的数字图像水印算法程序

本小节共包括 4 个主要程序文件。

- DFT 水印算法嵌入主程序,文件名为 watermark.m。
- DFT 水印算法提取主程序,文件名为 extraWM.m。
- 3.4 节的水印算法嵌入程序,文件名为 EmbedWM_289.m。
- 3.4 节的水印算法提取程序,文件名为 ExtractWM_289.m。

(1) DFT 水印算法嵌入主程序

```
function p = watermark()
% 使用 DFT 方法,实现图片水印嵌入
chars_info = char('123456789');
fprintf('原始水印信息\n %s \n', chars_info);
bits_info = reshape(de2bi(uint8(chars_info),8,'left - msb'),[],1);
yuanImg = imread('Lena2.bmp');
k = 50000;   % DFT用的系数
wmImg = [];
yuanImgYUV = [];
% 彩色图像水印嵌入
yuanImgYUV = rgb2ycbcr(yuanImg);
% 观察原始图像幅度频率特性
fftAM = uint8(abs(fftshift(fft2(yuanImgYUV(:,:,1))))/100);
imshow(fftAM)
yuanImgYUV(:,:,1) = EmbedWM_289(yuanImgYUV(:,:,1), bits_info, k,1);
wmImg = ycbcr2rgb(yuanImgYUV);
% 观察嵌入水印后图像幅度频率特性
fftAM = uint8(abs(fftshift(fft2(yuanImgYUV(:,:,1))))/100);
imwrite(fftAM,'FFT.bmp');
```

```
figure(2);imshow(fftAM)
imwrite(wmImg,'wm.bmp');
```

（2）DFT 水印算法提取主程序

```
function p = extraWM()
 %使用 DCT 方法,实现图片水印提取
 %提取水印时不需要原始水印内容,但是需要水印的长度
chars_info = char('123456789');
fprintf('原始水印信息\n %s \n', chars_info);
bits_info = reshape(de2bi(uint8(chars_info),8,'left-msb'),[],1);
 %下面进行水印提取
 %wmImg = imread('wm.bmp');
wmImg = imread('wm.jpg');
 %wmImg = imread('wm2.bmp');
 %彩色图像提取水印
wmImgYUV = [];
wmImgYUV = rgb2ycbcr(wmImg);
fftAM = uint8(abs(fftshift(fft2(wmImgYUV(:,:,1))))/100);
figure(2);imshow(fftAM)
bits_info_ext = ExtractWM_289(wmImgYUV(:,:,1), length(bits_info),1);
 %二进制数组转换为字符串
extrastr = '';
[m n] = size(bits_info_ext);
for x = 1:m/8
    temp = bi2de(bits_info_ext((x-1)*8+1:x*8)','left-msb');
    extrastr = [extrastr char(temp)];
end
extrastr
ber(bits_info_ext, bits_info)
```

（3）3.4 节的水印算法嵌入程序

```
function fw = EmbedWM_289(f, bits_info, k, type)
 %本程序用来对图像进行 DFT,通过改变 DFT 的分块系数的能量关系,实现水印的嵌入
stepx = 4;%每 bit 嵌入区域的横向步长
stepy = 4;%每 bit 嵌入区域的纵向步长
k = 50000;
len_info = length(bits_info);%嵌入信息的长度
```

```matlab
fftHuge = fftshift( fft2(f) );
if ( mod(size(fftHuge, 1), 2) == 0 )
    if ( mod(size(fftHuge, 2), 2) == 0 )
        fftHuge_ct = fftHuge(2:end, 2:end);
    else
        fftHuge_ct = fftHuge(2:end, :);
    end
else
    if ( mod(size(fftHuge, 2), 2) == 0 )
        fftHuge_ct = fftHuge(:, 2:end);
    else
        fftHuge_ct = fftHuge(:, :);
    end
end
dist_r = floor( size(fftHuge_ct, 1)/4 );
dist_c = floor( size(fftHuge_ct, 2)/4 );
fftHuge_wm = fftHuge_ct(dist_r + 1: end - dist_r, dist_c + 1: end - dist_c);
rmax_block = floor(size(fftHuge_wm,1)/(2 * stepy));
cmax_block = floor(size(fftHuge_wm,2)/stepx);
if( rmax_block * cmax_block < len_info )
    disp('水印信息过长\n');
    return;
end
SG1 = zeros(stepy * stepx/4, 2);
SG2 = zeros(stepy * stepx/4, 2);
% 右上角的系数
count = 1;
for r = 1 : stepy/2
    for c = stepx/2 + 1 : stepx
        SG1(count, 1) = r;
        SG1(count, 2) = c;
        count = count + 1;
    end
end
% 左下角的系数
count = 1;
for r = stepy/2 + 1 : stepy
    for c = 1 : stepx/2
```

```
            SG2(count, 1) = r;
            SG2(count, 2) = c;
            count = count + 1;
        end
    end
count = 1;
for r = 1 : rmax_block
    for c = 1 : cmax_block
        fft_block = fftHuge_wm( (r－1)＊stepy＋1 : r＊stepy, (c－1)＊stepx
                    ＋1 : c＊stepx );
        %计算能量及幅角
        ext = abs(fft_block); %幅度
        theta = angle(fft_block); %相角
        e1 = 0;
        e2 = 0;
        for i = 1 : size(SG1,1)
            e1 = e1 + ext(SG1(i,1), SG1(i,2));
            e2 = e2 + ext(SG2(i,1), SG2(i,2));
        end
        %修改能量
        if(type == 1)    % 类型 1
            if ( bits_info(count) == 0 && (e1 － e2) < k )
                delta = (k － e1 + e2)/(2＊size(SG1,1));
                for i = 1 : size(SG1,1)
                    ext(SG1(i,1), SG1(i,2)) = ext(SG1(i,1), SG1(i,2)) + delta;
                    ext(SG2(i,1), SG2(i,2)) = ext(SG2(i,1), SG2(i,2)) － delta;
                end
            elseif ( bits_info(count) == 1 && (e2 － e1) < k )
                delta = (k － e2 + e1)/(2＊size(SG1,1));
                for i = 1 : size(SG1,1)
                    ext(SG2(i,1), SG2(i,2)) = ext(SG2(i,1), SG2(i,2)) + delta;
                    ext(SG1(i,1), SG1(i,2)) = ext(SG1(i,1), SG1(i,2)) － delta;
                end
            end
        elseif(type == 2)
            if ( bits_info(count) == 1 && (e1 － e2) < k )
                delta = (k － e1 + e2)/(2＊size(SG1,1));
                for i = 1 : size(SG1,1)
```

```
                    ext(SG1(i,1), SG1(i,2)) = ext(SG1(i,1), SG1(i,2)) + delta;
                    ext(SG2(i,1), SG2(i,2)) = ext(SG2(i,1), SG2(i,2)) - delta;
                end
            elseif ( bits_info(count) == 0 && (e2 - e1) < k)
                delta = (k - e2 + e1)/(2 * size(SG1,1));
                for i = 1 : size(SG1,1)
                    ext(SG2(i,1), SG2(i,2)) = ext(SG2(i,1), SG2(i,2)) + delta;
                    ext(SG1(i,1), SG1(i,2)) = ext(SG1(i,1), SG1(i,2)) - delta;
                end
            end
        end
        % 恢复FFT系数矩阵
        re = ext. * cos(theta);
        im = ext. * sin(theta);
        fft_block = re + 1i * im;
        fftHuge_wm( (r - 1) * stepy + 1 : r * stepy, (c - 1) * stepx + 1 : c *
                stepx ) = fft_block;
        fftHuge_wm( end - r * stepy + 1 : end - (r - 1) * stepy, end - c * stepx +
                1 : end - (c - 1) * stepx ) = rot90( conj(fft_block), 2 ); % 将
                修改后的共轭FFT系数转置后置回
        if ( count >= len_info )
            break;
        end
        count = count + 1;
    end
    if ( count >= len_info )
        break;
    end
end
fftHuge_ct(dist_r + 1 : end - dist_r, dist_c + 1 : end - dist_c) = fftHuge_wm;
if ( mod(size(fftHuge, 1), 2) == 0 )
    if ( mod(size(fftHuge, 2), 2) == 0 )
        fftHuge(2:end, 2:end) = fftHuge_ct;
    else
        fftHuge(2:end, :) = fftHuge_ct;
    end
else
    if ( mod(size(fftHuge, 2), 2) == 0 )
```

```
            fftHuge(:, 2:end) = fftHuge_ct;
        else
            fftHuge(:, :) = fftHuge_ct;
        end
    end
fw = uint8( ifft2(ifftshift(fftHuge)) );
mse = mymse(f,fw,size(f,2),size(f,1));
psnr = 10 * log10(255^2/mse);
fprintf('PSNR = %f\n', psnr);
```

（4）3.4 节的水印算法提取程序

```
function bits_info = ExtractWM_289(fw, len_info,type)
% 使用 DFT 的分块系数，实现水印的提取
stepx = 4;% 每 bit 嵌入区域的横向步长
stepy = 4;% 每 bit 嵌入区域的纵向步长
fftHuge = fftshift( fft2(fw) );
if ( mod(size(fftHuge, 1), 2) == 0 )
    if ( mod(size(fftHuge, 2), 2) == 0 )
        fftHuge_ct = fftHuge(2:end, 2:end);
    else
        fftHuge_ct = fftHuge(2:end, :);
    end
else
    if ( mod(size(fftHuge, 2), 2) == 0 )
        fftHuge_ct = fftHuge(:, 2:end);
    else
        fftHuge_ct = fftHuge(:, :);
    end
end
dist_r = floor( size(fftHuge_ct, 1)/4 );
dist_c = floor( size(fftHuge_ct, 2)/4 );
fftHuge_wm = fftHuge_ct(dist_r + 1: end - dist_r, dist_c + 1: end - dist_c);
rmax_block = floor(size(fftHuge_wm,1)/(2 * stepy));% 纵向（行）最大分块数，
            由于中心对称性，因此只处理上半部分
cmax_block = floor(size(fftHuge_wm,2)/stepx);% 横向（列）最大分块数
if( rmax_block * cmax_block < len_info )
    disp('水印信息过长\n');
    return;
```

```matlab
end
bits_info = zeros(len_info, 1); % 嵌入信息
SG1 = zeros(stepy * stepx/4, 2);
SG2 = zeros(stepy * stepx/4, 2);
% 右上角的系数
count = 1;
for r = 1 : stepy/2
    for c = stepx/2 + 1 : stepx
        SG1(count, 1) = r;
        SG1(count, 2) = c;
        count = count + 1;
    end
end
% 左下角的系数
count = 1;
for r = stepy/2 + 1 : stepy
    for c = 1 : stepx/2
        SG2(count, 1) = r;
        SG2(count, 2) = c;
        count = count + 1;
    end
end
count = 1;
for r = 1 : rmax_block
    for c = 1 : cmax_block
        fft_block = fftHuge_wm((r-1) * stepy + 1 : r * stepy, (c-1) * stepx
                    + 1 : c * stepx);
        % 计算能量及幅角
        ext = abs(fft_block); % 幅度
        e1 = 0;
        e2 = 0;
        for i = 1 : size(SG1,1)
            e1 = e1 + ext(SG1(i,1), SG1(i,2));
            e2 = e2 + ext(SG2(i,1), SG2(i,2));
        end
        % 检测能量
        if(type == 1)   % 类型 1
            if ( e1 >= e2 )
```

```
                        bits_info(count) = 0;
                else
                        bits_info(count) = 1;
                end
        elseif(type == 2)
            if ( e1 <= e2 )
                        bits_info(count) = 0;
                else
                        bits_info(count) = 1;
                end
        end
        if ( count >= len_info )
                break;
        end
        count = count + 1;
    end
    if ( count >= len_info )
        break;
    end
end
```

第4章 数字图像水印算法的 C 语言程序实现

本章将讲述基于 DFT 的数字图像水印算法的 C 语言编程实现,即将第 3 章中用 MATLAB 实现的数字图像水印算法,在 C 语言开发环境中通过编程实现。

本书使用的 C 语言开发环境是 VS2012,所以本章首先介绍 VS2012 的安装过程,然后再介绍其基本使用方法,包括新建项目、打开项目、运行项目等。

为演示 C 语言版数字图像水印程序的效果,针对已经开发完成的基于 DFT 的数字图像水印项目,本章会重点讲解程序运行方面的内容,同时观察每步操作后的效果。

本章实现的 C 语言版数字图像水印程序,虽然与第 3 章中用 MATLAB 实现的数字图像水印程序思路相同,但是由于 C 语言编程比 MATLAB 编程复杂许多,所以第 4 章在代码的学习难度上明显高于第 3 章。

本章还将对已有程序进行详细的学习分析。先学习基于 DFT 的数字图像水印算法的嵌入流程和提取流程,结合主要流程学习各主要函数的功能,然后进行核心代码分析,并分析程序中主要数据对象的处理流程。

为帮助大家更有效地掌握程序,本章最后一节将展示基于 DFT 的数字图像水印的移植过程,即从新建一个项目开始,按步骤将已有项目的各部分程序依次移植到新项目中,最终在新项目中实现基于 DFT 的数字图像水印程序。

本章的安排如下。

(1) VS2012 的安装与使用。

(2) 数字图像水印程序的效果演示。

(3) 数字图像水印程序分析。

(4) 数字图像水印程序移植。

(5) C 语言实现的数字图像水印算法的主要程序。

4.1 VS2012 的安装与使用

1. VS2012 的安装

首先单击安装文件,VS2012 的安装界面如图 4-1、图 4-2 所示。

对于"要安装的可选功能"选项,选择"用于 C++的 Microsoft 基础类",单击"安装"按钮,会出现安装的过程界面,如图 4-3 所示,安装完成后的显示界面如图 4-4 所示。

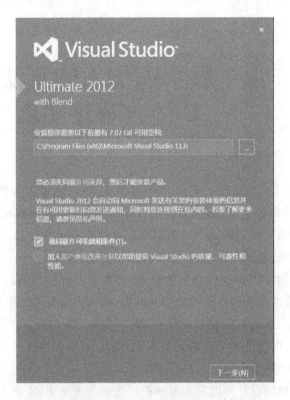

图 4-1　VS2012 安装界面(一)

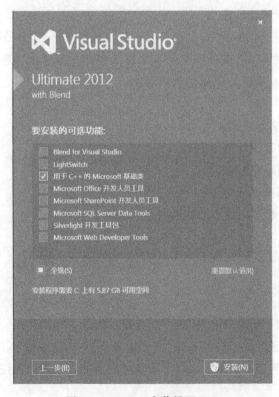

图 4-2　VS2012 安装界面(二)

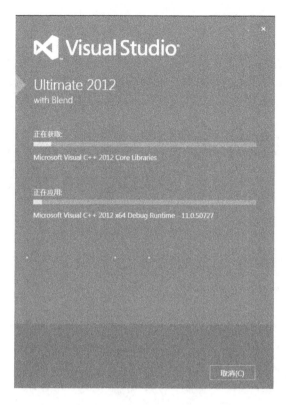

图 4-3　VS2012 安装界面（三）

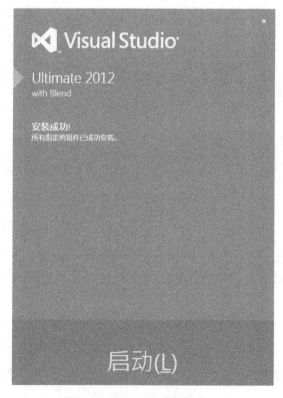

图 4-4　VS2012 安装界面（四）

2. 新建项目

如图 4-5 所示,单击"文件→新建→项目",则会出现如图 4-6 所示的界面,选择"Visual C++→MFC 应用程序",下方的项目名称和项目存储位置可以使用默认内容,也可进行用户自定义。

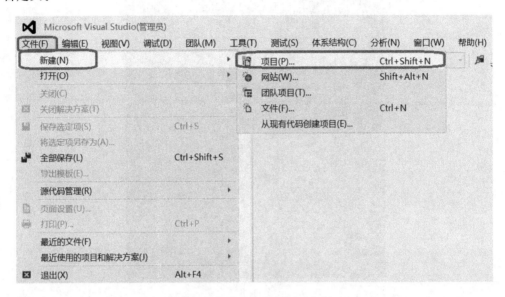

图 4-5　新建项目界面(一)

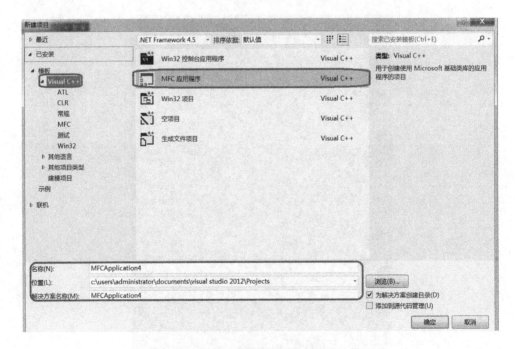

图 4-6　新建项目界面(二)

单击图 4-6 中的"确定"按钮,相应的界面如图 4-7 所示,不需要进行操作,直接单击"下一步"按钮,即可得到如图 4-8 所示的界面。在图 4-8 中,选择"应用程序类型"为"基于对话框",这样就会生成一个基于对话框的程序。在如图 4-9 所示的界面中,选中"最大化框"和"最小化框",单击"完成"按钮,即可完成项目的创建,在如图 4-10 所示的界面中,右上角会出现最大化和最小化按钮。

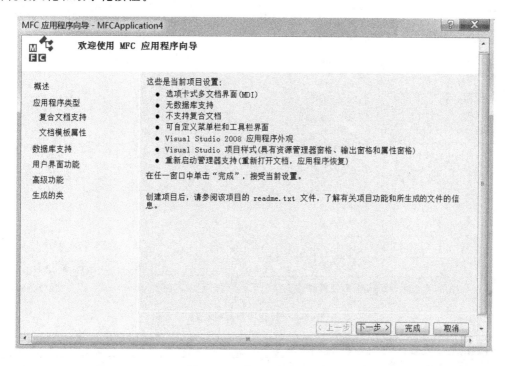

图 4-7　新建项目界面(三)

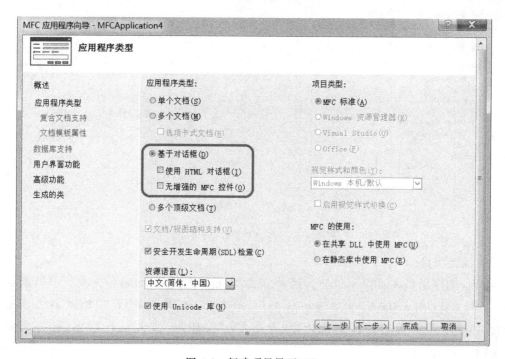

图 4-8　新建项目界面(四)

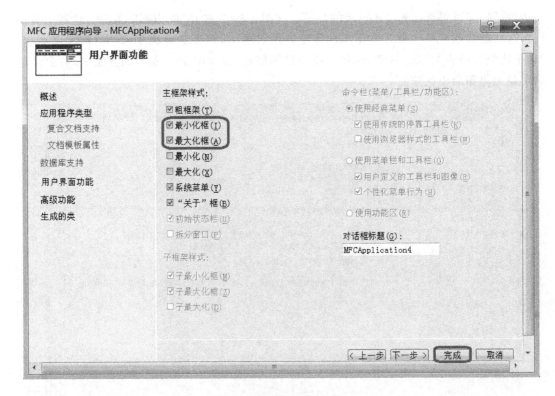

图 4-9　新建项目界面（五）

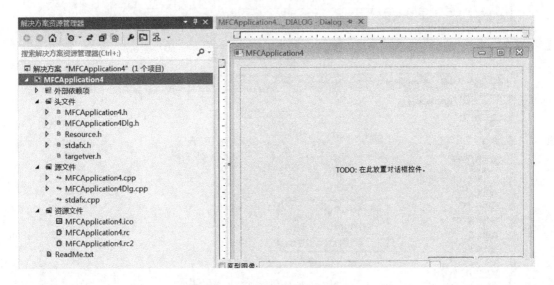

图 4-10　新建项目界面（六）

3. 运行项目

　　MFC 的应用程序运行一般分为两种方式：Debug 方式和 Release 方式。一般默认的程序运行方式为 Debug 方式，如图 4-11 所示，单击 Debug 按钮，会出现如图 4-12 所示的界面，它表示需要重新编译生成程序，单击"是"按钮，生成并运行程序，运行效果如图 4-13 所示。

图 4-11　运行项目界面

图 4-12　生成新项目界面

图 4-13　运行程序的效果

4. 增加按钮和对话框

将鼠标移动到 VS2012 右侧的"工具箱",会出现当前对话框界面下可以使用的各种组件,如图 4-14 所示。单击"Button"按钮,在对话框界面中画出一个按钮"Button1",如图 4-15所示。双击"Button1"按钮,就会在对应 CPP 文件中自动增加一个按钮响应函数"OnBnClickedButton1()",如图 4-16 所示。

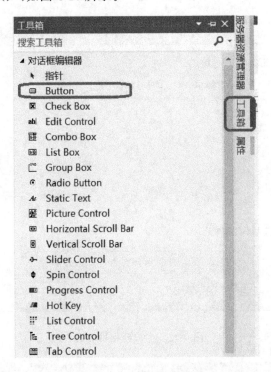

图 4-14　工具箱中的组件

图 4-15　对话框中增加一个按钮

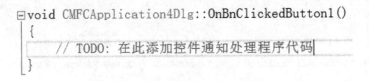

图 4-16　自动生成的按钮响应函数

在按钮响应函数"OnBnClickedButton1()"中,增加一条消息框语句:"MessageBox(_T("这是我的第一个程序!"))。"如图 4-17 所示。

注意:"_T()"表示对显示消息进行类型转换。

```
void CMFCApplication4Dlg::OnBnClickedButton1()
{
    // TODO: 在此添加控件通知处理程序代码
    MessageBox(_T("这是我的第一个程序!"));
}
```

图 4-17　在按钮响应函数中增加消息框语句

运行图 4-17 中的"MessageBox"语句,当单击"Button1"按钮时,会出现一个消息框,并显示"这是我的第一个程序!",如图 4-18 所示。

图 4-18　显示消息框效果

如果图 4-18 中显示的消息框出现乱码,一般由字符集选择造成,此时可以对字符集进行修改。在配置属性界面,选择"常规→字符集→使用多字节字符集",如图 4-19 所示。

5. 打开已有项目

可在 VS2012 中打开已经开发完毕的数字图像水印 C 语言程序,其中包括完整的项目文件。选择"WaterMark"目录中的项目文件,如图 4-20 所示。

选择"文件→打开→项目/解决方案",选择 WaterMark 工程中的 Watermark. sln 文件,由于原 WaterMark 项目使用 VS2008 开发,因此 VS2012 会提示当前版本不受支持,需要进行单向升级,如图 4-21 所示。

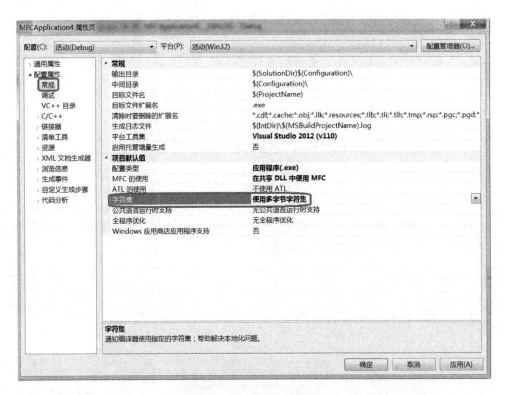

图 4-19 修改字符集

图 4-20 WaterMark 项目

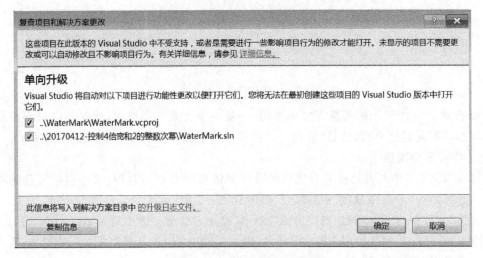

图 4-21 提示工程单向升级界面

单击图 4-21 中的"确定"按钮完成单向升级后,会显示"WaterMark"解决方案界面,如图 4-22 所示。

图 4-22　WaterMark 解决方案

单击"运行"按钮,会重新生成程序,生成过程如图 4-23 所示。生成完成后,运行界面如图 4-24 所示,这是该程序运行的初始界面。下面将在 4.2 节中演示具体的操作过程。

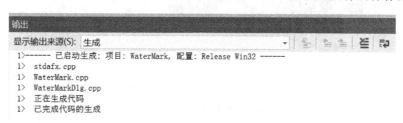

图 4-23　生成过程

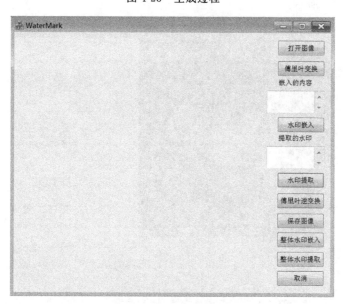

图 4-24　数字图像水印程序运行的初始界面

4.2 数字图像水印程序的效果演示

本节将展示基于 DFT 的数字图像水印程序各部分的操作效果。

1. 水印嵌入

首先,在程序运行的初始界面中,单击"打开图像"按钮,在文件选择目录中,选择待嵌入水印的载体图像,这里以 Lena 图像为例,图像打开后的界面如图 4-25 所示。

图 4-25　打开待嵌入水印的图像

单击"傅里叶变换"按钮,对载体图像进行傅里叶变换,并且获取频域幅度谱图像,显示在程序中,如图 4-26 所示。

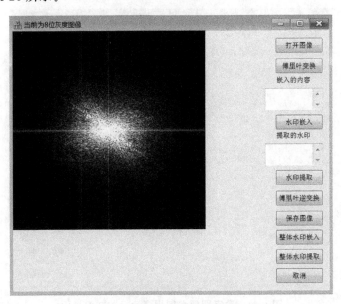

图 4-26　对载体图像进行傅里叶变换

在"嵌入的内容"编辑框中输入待嵌入的水印值,这里的水印值为"12345678",单击"水印嵌入"按钮,在频域嵌入水印,并且观察嵌入水印后的频域幅度谱图像,如图 4-27 所示。单击"保存图像"按钮,将当前频域幅度谱图像命名为"WMFFT",默认文件类型为 BMP,即保存为 WMFFT.bmp,如图 4-28 所示。

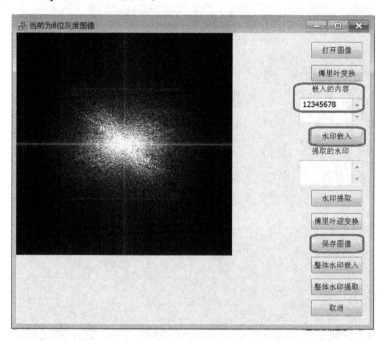

图 4-27 对载体图像嵌入水印

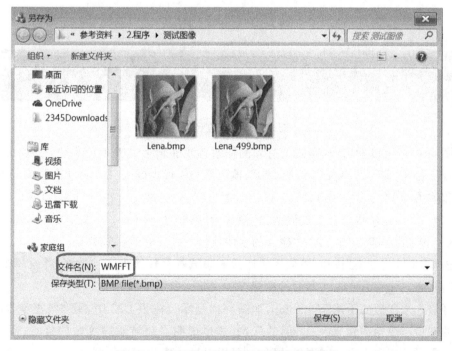

图 4-28 保存嵌入水印后的频域幅度谱图像

图 4-28 中保存的图像 WMFFT.bmp 如图 4-29 所示,从中可以看出水印嵌入在频域修改的内容,为了仔细观察嵌入的内容,将图 4-29 中的框内区域放大观察,如图 4-30 所示。

图 4-29   WMFFT.bmp

图 4-30   嵌入的水印值

从图 4-30 中可以看出,水印嵌入过程的修改体现在偏上或偏下的小块,根据 2.2 节中的嵌入规则可知,偏上的小块代表嵌入"0",偏下的小块代表嵌入"1",所以从图 4-30 中观察到的水印值为 0011、0001、0011、0010、0011、0011、0011、0100、0011、0101、0011、0110、0011、0111、0011、1000,这些内容为二进制数,转换成十六进制数为 0x31、0x32、0x33、0x34、0x35、0x36、0x37、0x38,这就是图 4-27 中输入的水印值"12345678"的 ASCII 码。

单击"傅里叶逆变换"按钮,将嵌入水印后的频域数据转换为空域数据,并且单击"保存图像"按钮,将其保存为嵌入水印后的图像 WM.bmp,如图 4-31 所示。

打开嵌入水印后的图像 WM.bmp,如图 4-32 所示。在图 4-32 中,用肉眼很难看出嵌入水印后的图像与原始图像 Lena 之间的区别,这也说明了频域水印算法的优点,即透明性好。如果需要计算嵌入水印对图像的影响,可以通过计算 PSNR 得到。

图 4-31　傅里叶逆变换和保存图像

图 4-32　嵌入水印后的图像 WM. bmp

图 4-25～图 4-32 演示了基于 DFT 的数字图像水印的嵌入过程,此程序也同样支持整体图像水印嵌入。如图 4-33 所示,选择待嵌入水印的载体图像后,在"嵌入的内容"中输入"12345678",单击"整体水印嵌入"按钮,就完成了整体水印嵌入的过程,同时生成了嵌入水印后的图像,图像的命名方式为"原文件名+水印值. bmp",故将嵌入水印后的图像命名为"Lena. bmp12345678. bmp"。

图 4-33　整体水印嵌入

2. 水印提取

打开已经嵌入水印的图像 WM. bmp,如图 4-34 所示。单击"傅里叶变换"按钮,对其进行傅里叶变换,观察频率幅度谱图像,如图 4-35 所示。

图 4-34　打开已经嵌入水印的图像

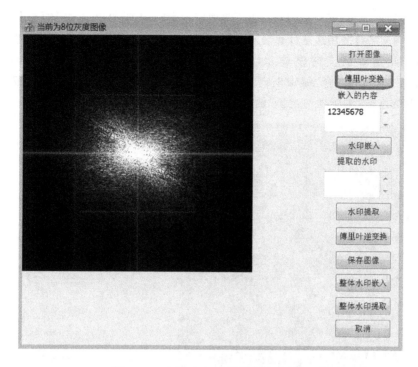

图 4-35　对 WM. bmp 进行傅里叶变换

　　在"嵌入的内容"编辑框中任意输入 8 个数字,如"11122233",单击"水印提取"按钮,可以提取水印并显示在"提取的水印"编辑框中,如图 4-36 所示,提取的内容为"12345678",提取结果与嵌入内容完全一样,由此可见,提取正确。

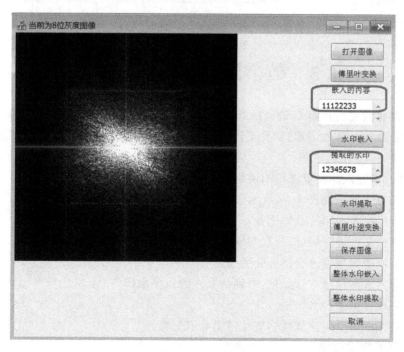

图 4-36　提取水印

这里需要说明的是,提取水印的过程不需要原始水印,但需要提取水印的长度,在"嵌入的内容"编辑框输入字符的用途是计算提取水印的长度,因此,只要与嵌入水印的长度相同即可。

同样地,此步骤也支持整体水印提取,如图 4-37 所示,打开嵌入水印后的图像 WM.bmp,在"嵌入的内容"编辑框中输入"11111111",单击"整体水印提取"按钮,水印便显示在"提取的水印"编辑框中,提取的内容为"12345678",提取结果正确。

图 4-37　整体水印提取

4.3　数字图像水印程序分析

为了帮助读者完全理解 C 语言版数字图像水印程序,本节的内容将分为四个部分:整体水印嵌入和提取流程的讲解;重要子函数的讲解;各消息响应函数的讲解;各数据的处理关系的讲解。

1. 整体水印嵌入和提取流程的讲解

整体水印嵌入流程如图 4-38 所示,主要步骤如下。

(1)打开待嵌入水印的载体图像。

(2)对图像文件进行解码,获取空域图像数据。

(3)对空域图像数据进行傅里叶变换。

(4)对原始水印信息进行处理,得到待嵌入的二值水印信息。

(5)对频域数据进行水印嵌入。

(6)对嵌入水印后的频域数据进行傅里叶逆变换。

(7)保存图像,得到嵌入水印后的图像。

整体水印提取流程如图 4-39 所示,主要步骤如下。

（1）打开嵌入水印后的图像。

（2）对图像文件进行解码,获取空域图像数据。

（3）对空域图像数据进行傅里叶变换。

（4）对频域数据提取二值水印数据。

（5）对水印数据进行反处理,得到提取的水印信息。

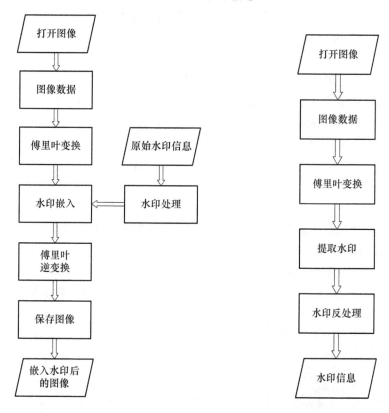

图 4-38　整体水印嵌入流程图　　　图 4-39　整体水印提取流程图

2. 重要子函数的讲解

程序中包括很多的函数,主要分为两类:各按钮对应的点击响应函数;被其他函数调用的子函数。

子函数是程序运行的基础,所以首先讲解主要的子函数,可将其分为三类:傅里叶变换相关的子函数、水印数据处理的子函数、水印嵌入和提取的子函数。

傅里叶变换相关的子函数具体如下。

- FftInit():二维 FFT 的初始化函数。
- Fourier():二维 FFT。
- IFFT_2D():二维傅里叶逆变换。
- FftAbs();对频域数据取模。

水印数据处理的子函数具体如下。

- Bytes2Bits():字符串转为二值数据。
- Bits2Bytes():二值数据转换为字符串。

水印嵌入和提取的子函数具体如下。

- EmbedWm():对频域数据修改,实现水印嵌入。
- ExtraWm():从频域数据中提取水印值。

下面对以上各个子函数进行具体讲解。

(1) FftInit()

该函数为二维 FFT 的初始化函数,主要初始化内容包括:二维 FFT 的宽和高、空域图像数据的范围、空域图像数据 pDIB 到 TD 数据的赋值。

(2) Fourier()

该函数表示对二维图像数据进行二维 FFT,其流程如图 4-40 所示。

① 对二维数据的每行数据进行一维傅里叶变换,FFT()为一维傅里叶变换子函数。

② 对二维数据的每列数据进行一维傅里叶变换,但是由于程序中只能进行每行的一维 FFT,所以要先进行矩阵转置,实现行列置换。

③ 对每行数据进行一维 FFT,相当于对每列数据进行一维 FFT。

④ 通过频域平移,相当于 MATLAB 中的 fftshift,可以得到二维 FFT 的频域数据。

(3) IFFT_2D()

该函数表示对频域数据进行二维 FFT 逆变换,其流程如图 4-41 所示。

① 对二维频域数据取共轭。

② 利用二维 FFT 完成逆变换,调用 Fourier()函数。

③ 通过频域逆平移,相当于 MATLAB 中的 ifftshift,可以得到二维空域数据。

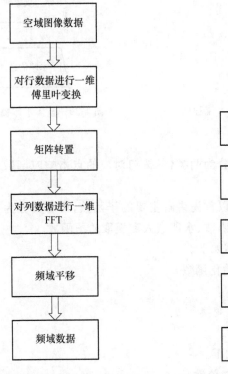

图 4-40　二维 FFT　　　　图 4-41　二维 FFT 逆变换

（4）FftAbs()

该函数表示对频域数据取模，即实部平方与虚部平方求和再开根号，为了使取得的实数数据适合作为图像显示，一般会对这个数据除一个系数再取整。

（5）Bytes2Bits()

在程序界面中，用户输入的待嵌入水印信息一般是字符串形式，而实际嵌入过程则需要二值数据，通过 Bytes2Bits()函数，可以实现从字符串到二值数据的转换。

（6）Bits2Bytes()

频域数据提取的水印一般是一组二值数据，要对其进行显示，需要先将其转换为字符串，通过 Bits2Bytes()函数，可以实现二值数据到字符串的转换。

（7）EmbedWm()

该函数具有对频域数据嵌入水印的功能，具体流程如图 4-42 所示。

① 获取载体图像的频域数据，初始化嵌入参数。

② 获取 4×4 的分块区域，计算分块区域的能量。

③ 根据待水印信息，修改频域小块的系数，得到嵌入水印后的分块数据，具体规则见 2.2 节。

④ 将分块数据更新到频域数据中，得到嵌入水印后的频域数据。

（8）ExtraWm()

该函数具有对频域数据提取水印的功能，具体流程如图 4-43 所示。

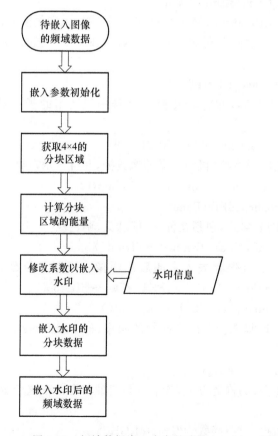

图 4-42　频域数据嵌入水印的流程

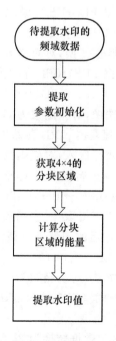

图 4-43　频域数据提取水印的流程

① 获取待提取水印的频域数据,初始化提取参数。

② 获取 4×4 的分块区域,计算分块区域的能量。

③ 根据小块能量的大小关系,提取出水印值。

3. 各消息响应函数的讲解

本章的数字图像水印程序共有 8 个功能按钮,每个按钮都对应一个点击事件的消息响应函数,下面按照界面中从上到下的顺序,依次讲解每个消息响应函数的具体功能。之后,再另外补充三个比较重要的函数。

(1) 打开图像,对应函数为 OnBnClickedOpenFile()

① 调用文件打开对话框,选择载体图像。

② 读取图像文件的文件头、信息头,获取图像文件的宽、高、比特深度等参数。

③ 调整一行数据的字节数为 4 的整数倍,分配 3 块数据空间,分别指向指针 poDIB、pDIB、pdisDIB。

④ 读取图像数据到 poDIB,并且赋值给 pDIB 和 pdisDIB。

⑤ 调用 OnPaint() 函数,将 pdisDIB 显示在界面上。

(2) 傅里叶变换,对应函数为 OnBnClickedTranFft()

对图像数据 pDIB 进行傅里叶变换,并计算幅度谱,显示在界面上。调用主要子函数的顺序:FftInit()→Fourier()→FftAbs()→GraytoRGB()→OnPaint()。

(3) 水印嵌入,对应函数为 OnBnClickedEmbedWm()

将输入的字符串水印转换为二值水印,修改频域数据 FDSHIFT,实现水印的嵌入,计算修改后的幅度谱,并显示在界面上。调用主要子函数的顺序:Bytes2Bits()→EmbedWm()→FftAbs()→GraytoRGB()→OnPaint()。

(4) 水印提取,对应函数为 OnBnClickedExtraWm2()

对频域数据 FDSHIFT 提取二值水印,并将其转换为字符串。调用的子函数顺序:ExtraWm()→Bits2Bytes()。

(5) 傅里叶逆变换,对应函数为 OnBnClickedTranIfft2()

对频域数据 FDSHIFT 进行傅里叶逆变换,得到空域图像数据,并且显示在界面上。调用的子函数顺序:IFFT_2D()→FftAbs()→GraytoRGB()→OnPaint()。

(6) 保存图像,对应函数为 OnBnClickedPrevPane()

将当前处理数据 pDIB 存储为 BMP 格式,包括文件头、信息头、调色板。

(7) 整体水印嵌入,对应函数为 OnBnClickedEmbedwmTotal()

对载体图像进行整体水印嵌入,并且保存嵌入水印后的图像。调用子函数的顺序:FftInit()→Fourier()→Bytes2Bits()→EmbedWm()→IFFT_2D()→FftAbs()。

(8) 整体水印提取,对应函数为 OnBnClickedExtrawmTotal()

对嵌入水印后的图像进行整体水印提取。调用子函数的顺序:FftInit()→Fourier()→ExtraWm()→Bits2Bytes()。

(9) 构造方法,对应函数为 CWaterMarkDlg()

当前对话框类(CWaterMarkDlg 类)的构造方法,各个全局变量和指针在这个函数中赋初值。

(10) 将 8 位数据转换为 24 位数据,对应函数为 GraytoRGB()

因为界面显示需要 24 位数据,所以如果当前数据 pDIB 是 8 位数据,需要通过该函数转换为 24 位数据,也就是使当前点的 RGB 值都等于当前的灰度值。

(11) 绘制界面,对应函数为 OnPaint()

在该函数中,将 pdisDIB 与 width、height 结合,绘制在界面上,核心代码如下。

```
CDC * pDC = GetDC();
    StretchDIBits(pDC->m_hDC,
    0,                                //起始点的 X 坐标,
    0,                                //起始点的 X 坐标,
    width,
    height,
    0,                                //原图像中起点的 X 坐标
    0,                                //原图像中起点的 Y 坐标
    width,                            //原图像的宽度
    height,                           //原图像的长度
    pdisDIB,                          //图像数据的指针
    (BITMAPINFO *)&bmiHeadernew,      //文件头的指针
    DIB_RGB_COLORS,
        SRCCOPY);
```

4. 各数据空间的处理关系讲解

程序中用到了很多数据空间,并用指针指向数据空间的开始位置,下面用指针指代对应的数据空间,具体如下。

(1) poDIB:原始图像数据空间。

(2) pDIB:正在处理的图像数据空间。

(3) pdisDIB:用于显示的图像数据空间。

(4) FDSHIFT:空域图像数据完成傅里叶变换后的频域复数数据。

各数据空间的处理关系如图 4-44 所示,下面是具体的流程。

(1) 打开载体图像,获取原始图像数据 poDIB,将其赋值给 pDIB,该数据为后面处理的当前数据。

(2) 对当前 pDIB 而言,可以将其保存为图像,也可以将其转换为 pdisDIB,并调用 OnPaint()函数使其显示在界面中。

(3) 对 pDIB 使用 Fourier()进行傅里叶变换,得到频域复数数据 FDSHIFT。对于频域复数数据 FDSHIFT,有 4 个处理分支。

① 获取频域幅度谱。调用 FftAbs()生成新的 pDIB,当前 pDIB 表示频域幅度谱,可以保存为图像,也可以转换为 pdisDIB,并调用 OnPaint()函数使其显示在界面中。

② 进行傅里叶逆变换,获取空域图像。依次调用 IFFT_2D 和 FftAbs()生成新的 pDIB,当前 pDIB 表示空域图像数据,可以保存为图像,也可以转换为 pdisDIB,并调用 OnPaint()函数使其显示在界面中。

③ 频域嵌入水印,观察和保存结果。调用 EmbedWm()函数,在频域嵌入水印,得到修改后的频域数据。对于嵌入水印后的频域数据,有两个处理分支。

a. 对于嵌入水印后的幅度谱,调用 FftAbs()生成嵌入水印后的频域幅度谱 pDIB,对其可以进行显示或保存。

b. 对于嵌入水印后的空域图像,依次调用 IFFT_2D 和 FftAbs()生成嵌入水印后的空域图像 pDIB,对其可以进行显示或保存。

④ 提取水印值。调用 ExtraWm(),从当前频域数据中提取水印值,得到提取水印的结果。

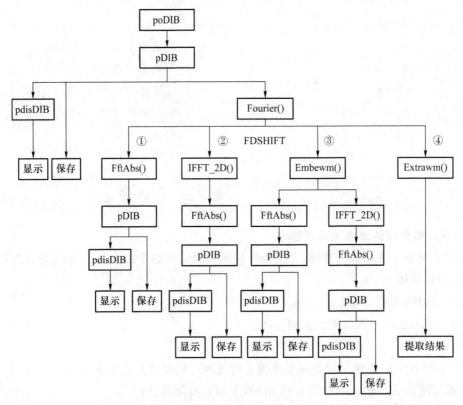

图 4-44   各数据空间的处理关系

4.4   数字图像水印程序移植

本节将展示基于 DFT 的数字图像水印程序的移植过程,即从新建项目开始,分步骤地将已有项目的各部分程序依次移植到新项目中,最终在新项目中实现基于 DFT 的数字图像水印程序。

1. 新建项目

选择"文件→新建→项目",会出现如图 4-45 所示的界面。选择"Visual C++→MFC应用程序",编辑项目名称为"MyTest",并且选择项目的目录,选中复选框"为解决方案创建目录",这样可以在指定目录下新建一个与项目同名的目录,所有的项目文件都在这个目录下,如图 4-45 所示。

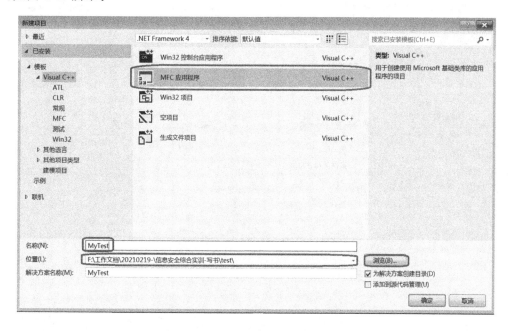

图 4-45 新建 MFC 项目

在应用程序类型界面,选择"基于对话框",如图 4-46 所示。在用户界面功能界面,选中"最小化框"和"最大化框",如图 4-47 所示。

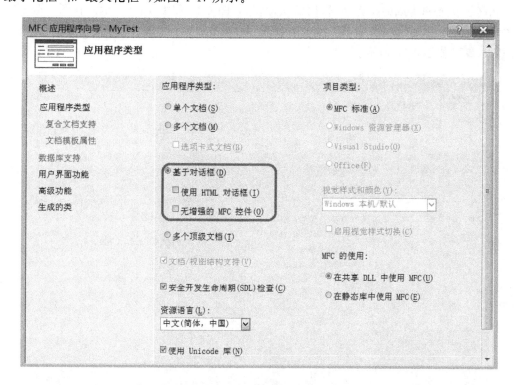

图 4-46 应用程序类型

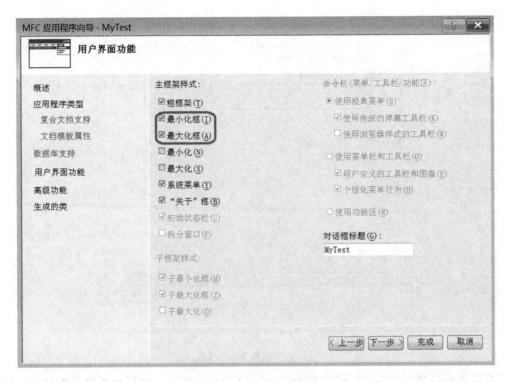

图 4-47　用户界面功能

在高级功能和生成的类界面，采用默认操作，如图 4-48 和图 4-49 所示。在图 4-48 的界面中，单击"下一步"按钮，在图 4-49 的界面中，单击"完成"按钮，即可完成新建项目 MyTest，界面如图 4-50 所示。

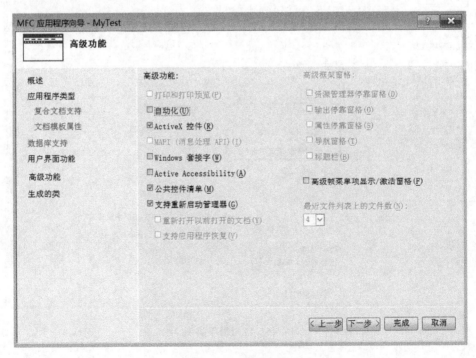

图 4-48　高级功能

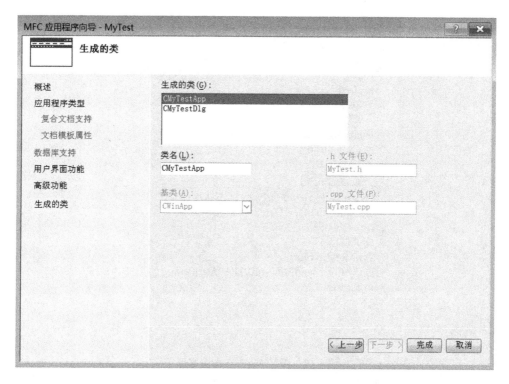

图 4-49　生成的类

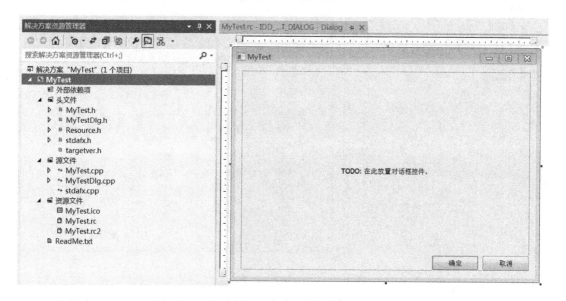

图 4-50　项目 MyTest

选择项目 MyTest 的类视图，单击"CMyTestDlg"类，可以看到该类包含的函数和变量，如图 4-51 所示。

选择"解决方案→资源文件→MyTest.rc"，可以进入资源视图。选择"Dialog→IDD_MYTEST_DIALOG"，可以编辑本项目的对话框，如图 4-52 所示。

图 4-51　项目 MyTest 的类视图

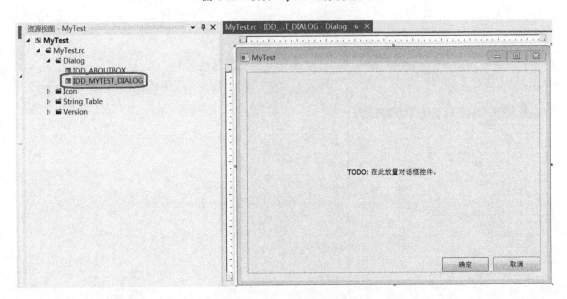

图 4-52　项目 MyTest 的对话框

在图 4-52 所示的对话框中,删除中间的静态文本框和"确定"按钮,适当调整界面大小,可以得到修改后的对话框,如图 4-53 所示。

编译生成程序,运行程序,运行界面如图 4-54 所示。

在项目目录 MyTest 下观察项目文件结构,根目录下的文件结构如图 4-55 所示。

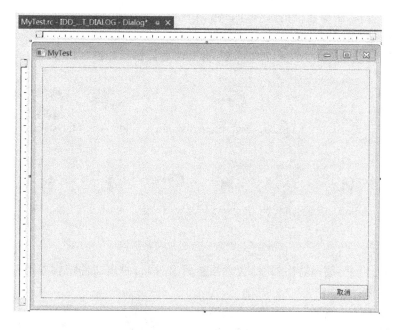

图 4-53　修改后的对话框

图 4-54　程序运行界面

图 4-55　根目录下的文件结构

由图 4-55 可知,主要包括的文件和目录如下。

(1) MyTest. sln 文件:项目文件。

(2) MyTest 目录:程序的源文件目录,目录内文件结构如图 4-56 所示。

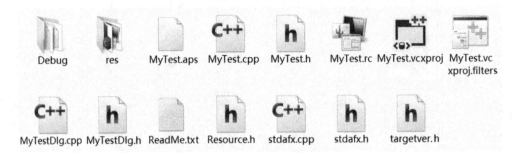

图 4-56　MyTest 目录文件结构

(3) Debug 目录:编译输出目录,包含可执行文件,目录内文件结构如图 4-57 所示。

2. 打开图像

增加"打开图像"按钮,修改程序,实现打开载体图像,并将其显示在对话框的界面上。

(1) 增加"打开图像"按钮

单击工具栏中的"Button"按钮,在界面中画一个"Button1",如图 4-58 所示。

图 4-57　Debug 目录文件结构

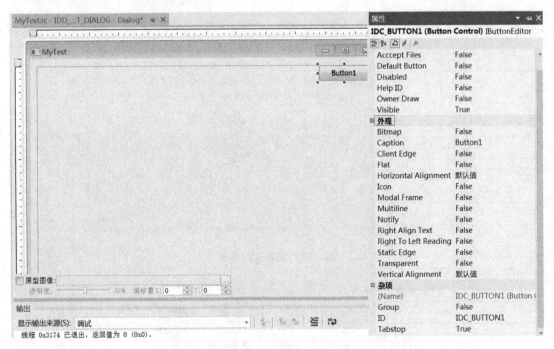

图 4-58　对话框中增加一个按钮"Button1"

右击"Button1"按钮,选择"属性",在属性窗口中修改 Caption 属性和 ID 属性。

Caption 指界面按钮上显示的字符,这里修改为"打开图像";ID 指程序内部该按钮的名字,这里修改为"IDC_OPEN_FILE"。如图 4-59 所示。

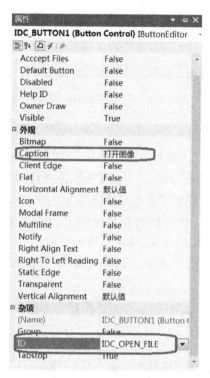

图 4-59　修改按钮属性

保存界面的修改,编译运行程序,运行效果如图 4-60 所示。

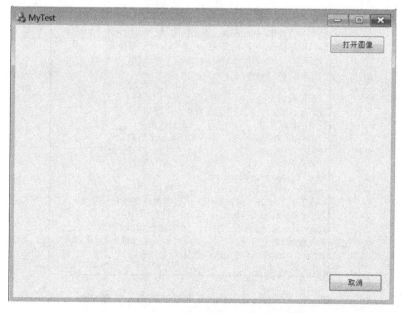

图 4-60　增加"打开图像"按钮后的程序界面

（2）增加消息响应函数

下面将在程序中增加按钮的消息响应函数，实现打开图像的效果。

在资源窗口的对话框界面中，双击"打开图像"按钮，生成其消息响应函数OnBnClickedOpenFile()，这里函数的命名方式为"OnBnClicked＋ID 中的名字"，如图 4-61所示。

```
void CMyTestDlg::OnBnClickedOpenFile()
{
    // TODO: 在此添加控件通知处理程序代码
}
```

图 4-61　增加消息响应函数

这里需要注意的是，在移植程序前，首先需要观察原项目 WaterMark，为了方便观察，可同时打开 WaterMark 和 MyTest，注意观察主对话框的 h 文件和 cpp 文件，即 WaterMarkDlg. h、WaterMarkDlg. cpp、MyTestDlg. h 以及 MyTestDlg. cpp。h 文件和 cpp 文件的功能如下。

① h 文件的功能：全局变量的定义、全局函数的声明。

② cpp 文件的功能：在构造方法中为全局变量赋初值，定义消息响应函数及其他各个函数。

熟悉两类文件的功能后，才能将对应的程序赋值到对应的函数中。

（3）移植 h 文件的程序

将 WaterMarkDlg. h 的内容复制到 MyTestDlg. h 中。

因为复制的内容较多，所以先复制第一部分变量，如图 4-62 和图 4-63 所示。

图 4-62　WaterMarkDlg. h 中复制的第一部分变量

图 4-63　第一部分变量复制到 MyTestDlg.h 中

复制完成后，对 MyTest 进行编译，程序会出现报错，原因是 MyTestDlg.h 中不识别 complex，在 WaterMarkDlg.h 的开头找到如下两行程序。

```
# include <complex>
using namespace std;
```

复制这两行程序到 MyTestDlg.h 的开头部分，如图 4-64 所示。再对程序进行编译就可以完成了。

图 4-64　将两条语句复制到 MyTestDlg.h 中

将 WaterMarkDlg. h 中第二部分变量内容复制到 MyTestDlg. h 中,变量内容见下面的程序。

```
//进行傅里叶变换的宽度和高度(2 的整数次方)
LONG fftw;
LONG ffth;
int fftstartx,fftstarty;
int wp,hp;
int WMlength;                    //表示嵌入水印内容的长度
BYTE   strbyte[32];              //用户输入的字符串,字节类型
BOOL   WMsrc[32 * 8];            //用户输入的字符串,bit 型
BOOL   WMextra[32 * 8];          //提取的水印字符串,bit 型
BYTE   outbyte[32];             //提取的水印字符串,字节类型
CString strresult;              //表示记录嵌入与提取结果的字符串
//图像每行的字节数
LONG lLineBytes;
BOOL IsFileOpen;
BOOL IsFileFFT;
BOOL IsFileIFFT;
```

对 MyTest 项目进行编译,可以编译通过。

(4) 移植 cpp 文件的程序

将 WaterMarkDlg. cpp 中构造方法 WaterMarkDlg()的内容复制到 MyTestDlg. cpp 的构造方法 MyTestDlg()中,复制内容的程序如下。

```
width = 512;
height = 512;
WMlength = 32 * 8;
yuzhiR = 120;
IsFileOpen = 0;
IsFileFFT = 0;
IsFileIFFT = 0;
dotnum = 0;
poDIB = NULL;
pDIB = NULL;
pdisDIB = NULL;
FDSHIFT = NULL;
TD = NULL;
QuadDIB = NULL;
```

刚复制过来会显示报错,再编译一下即可。

将下面的语句从 WaterMarkDlg.cpp 中的消息响应函数 OnBnClickedOpenFile()复制到 MyTestDlg.cpp 的消息响应函数 OnBnClickedOpenFile()中。由于程序太长,中间部分内容已省略。此处只列出主要程序结构和语句,部分语句用文字描述代替。

```
CFileDialog dlg(TRUE,0,0, OFN_HIDEREADONLY,0,0);
if(dlg.DoModal() == IDCANCEL)
    return;
pathname = dlg.GetPathName();
if(!File.Open(pathname,CFile::modeRead))
{   MessageBox(_T("open file failed"));
    return;
}
//由于程序太长,部分内容不显示在书中
••••••••••••••••••••••••••••••••••••••••••••
else if(bmiHeader.biBitCount == 8)
{   SetWindowText(_T("当前为 8 位灰度图像"));
    numQuad = 256;
    if(QuadDIB)
        delete []QuadDIB;
    QuadDIB = new char[4 * numQuad];        //调色板数据
    //读取调色板
    if(File.Read(QuadDIB,4 * numQuad)! = 4 * numQuad)
    {   MessageBox(_T("read 调色板 failed"));
        return;
    }
    if(File.Read(poDIB,width * height)! = width * height)
    {   MessageBox(_T("read data failed"));
        return;
    }
    File.Close();
    memcpy(pDIB,poDIB,widthstep * height);
    GraytoRGB(pDIB,pdisDIB,width,height);   //8bit 转为 24bit
    bmiHeadernew.biBitCount = 24;
}
else
```

```
{   MessageBox(_T("这个图像文件格式不支持"));
    return;
}
IsFileOpen = 1;
IsFileFFT = 0;
IsFileIFFT = 0;
OnPaint();
```

赋值完成后,会提示不识别函数 GraytoRGB(),此时需要在 MyTestDlg. h 中增加下面一行程序,完成 GraytoRGB()函数的声明。

```
BOOL GraytoRGB(LPSTR poDIB,LPSTR pDIB, int width, int height);
```

复制 WaterMarkDlg. cpp 中 GraytoRGB()函数的定义,粘贴到 MyTestDlg. cpp 中,增加 GraytoRGB()函数的定义时,注意修改函数前的类名,如图 4-65 所示。

```
BOOL CMyTestDlg :GraytoRGB(LPSTR poDIB,LPSTR pDIB, int width, int height)
//poDIB: 表示灰度图像数据，pDIB: 表示24图像的数据
{
    int widthstep=width;
    if(widthstep%4)
        widthstep=widthstep+(4-widthstep%4);
    int widthstep2=3*width;
    if(widthstep2%4)
        widthstep2=widthstep2+(4-widthstep2%4);

    for(i=0;i<height;i++)
    {
        for(j=0;j<width;j++)
        {
            lpSrc=poDIB+widthstep*(height-1-i)+j;
            lpRrc=pDIB+widthstep2*(height-1-i)+3*j;

            *lpRrc=*lpSrc;
            *(lpRrc+1)=*lpSrc;
            *(lpRrc+2)=*lpSrc;
        }
    }
    return 1;
}
```

图 4-65   MyTestDlg. cpp 中 GraytoRGB()函数的定义

重新编译生成项目,程序可以运行,但是单击"打开图像"按钮,选择载体图像,并没有显示效果,这是因为没有对 OnPaint()函数进行修改。

将 WaterMarkDlg. cpp 中 OnPaint()函数中的部分代码复制到 MyTestDlg. cpp 中 OnPaint()的 else 分支中,如图 4-66 所示。

```
else
{
    CDC *pDC=GetDC();
    StretchDIBits(pDC->m_hDC,
    0,              //起始点的X坐标,
    0,              //起始点的X坐标,
    width,
    height,
    0,              //原图像中起点的X坐标
    0,              //原图像中起点的Y坐标
    width,          //原图像的宽度
    height,         //原图像的长度
    pdisDIB,        //图像数据的指针
    (BITMAPINFO *)&bmiHeadernew, //文件头的指针
    DIB_RGB_COLORS,
    SRCCOPY);

    CDialogEx::OnPaint();
}
```

图 4-66　MyTestDlg.cpp 中 OnPaint()函数增加内容

　　重新编译并运行程序,单击"打开图像"按钮,选择 Lena 图像,可以看见图像 Lena 正常显示,如图 4-67 所示。

图 4-67　打开图像并显示图像的效果

　　在这部分的介绍中,非常详细地演示了增加"打开图像"按钮、增加消息响应函数、程序移植的过程。但由于篇幅有限,剩余的移植过程不能这样详细展示。剩余需要移植的按钮包括"傅里叶变换"按钮、"水印嵌入"按钮、"傅里叶逆变换"按钮、"保存图像"按钮、"水印提取"按钮、"整体水印嵌入"按钮、"整体水印提取"按钮。

3. 傅里叶变换

增加"傅里叶变换"按钮,修改程序,实现对载体图像的傅里叶变换,并将频域幅度谱图像显示在对话框的界面上。

(1) 增加"傅里叶变换"按钮

在界面中增加一个按钮,右击选择"属性",在属性窗口中修改 Caption 属性和 ID 属性。Caption 属性修改为"傅里叶变换";ID 属性修改为"IDC _ TRAN_FFT"。

(2) 增加消息响应函数

在资源窗口的对话框界面中,双击"傅里叶变换"按钮,生成其消息响应函数 OnBnClickedTranFft()。

(3) 相关库函数的移植

为了完成图像的傅里叶变换,首先需要完成库函数的移植。

将 WaterMarkDlg. h 中的 3 个库函数声明复制到 MyTestDlg. h 中,下面是函数 Fourier()、FftInit()、FftAbs()的声明语句。

```
BOOL   Fourier(complex < double > * TD, complex < double > * FDSHIFT,LONG
lWidth, LONG lHeight);
    void  FftInit(LONG lWidth, LONG lHeight);
    BOOL   FftAbs(complex < double > * FDSHIFT, LPSTR pDIB, LONG  lWidth, LONG
lHeight,int parabili);
```

将 WaterMarkDlg. cpp 中的 3 个库函数定义复制到 MyTestDlg. cpp 中,另外,一维傅里叶变换与傅里叶逆变换函数也要复制,并且注意修改类名。即需要将下面 5 个函数的定义从 WaterMarkDlg. cpp 中复制到 MyTestDlg. cpp 中,5 个函数分别为 FFT ()、IFFT ()、Fourier()、FftInit()、FftAbs()。由于函数定义很长,下面仅列出 5 个函数定义的首行(注意修改类名)。

```
VOID FFT(complex < double > *  TD, complex < double > *  FD, int r)
    VOID IFFT(complex < double > *  FD, complex < double > *  TD, int r)
    BOOL CMyTestDlg:.Fourier (complex < double > * TD, complex < double > *
FDSHIFT,LONG lWidth, LONG lHeight)
    void CMyTestDlg:.FftInit(LONG lWidth, LONG lHeight)
    BOOL CMyTestDlg:.FftAbs(complex < double > * FDSHIFT,LPSTR pDIB,LONG lWidth,
LONG lHeight,int parabili)
```

另外,还需要将下面两句复制到 MyTestDlg. cpp 中。

```
#define PI 3. 1415926535
#define WIDTHBYTES(bits)    (((bits) + 31) / 32 * 4)
```

(4) 消息响应函数程序的移植

84

将下面的语句从 WaterMarkDlg. cpp 中的 OnBnClickedTranFft（）函数复制到 MyTestDlg. cpp 的 OnBnClickedTranFft（）函数中，复制后的效果如图 4-68 所示。

```
if(! IsFileOpen)
{
    MessageBox(_T("还没有打开文件"));
    return;
}
FftInit(width, height);
Fourier(TD,FDSHIFT, width, height);          //FFT2
FftAbs(FDSHIFT,pDIB,width,height,100);       //获取频谱
GraytoRGB(pDIB,pdisDIB,width,height);        //转换为 24 位图
bmiHeadernew.biBitCount = 24;
OnPaint();
IsFileFFT = 1;
IsFileIFFT = 0;
```

```
void CMyTestDlg::OnBnClickedTranFft()
{
    // TODO: 在此添加控件通知处理程序代码
    if(!IsFileOpen)
    {
        MessageBox(_T("还没有打开文件"));
        return;
    }
    FftInit(width, height);
    Fourier(TD,FDSHIFT, width, height);   //FFT2
    FftAbs(FDSHIFT,pDIB,width,height,100);   //获取频谱
    GraytoRGB(pDIB,pdisDIB,width,height);   //转换为24位图
    bmiHeadernew.biBitCount=24;
    OnPaint();
    IsFileFFT=1;
    IsFileIFFT=0;
}
```

图 4-68　MyTestDlg.cpp 中的 OnBnClickedTranFft（）函数

编译并运行程序，打开 Lena 图像，单击"傅里叶变换"按钮，实现对图像的傅里叶变换，并且在界面上显示频域幅度谱图像，如图 4-69 所示。

4. 水印嵌入

增加"嵌入的内容"编辑框，增加"水印嵌入"按钮，修改程序，实现对载体频域数据嵌入水印内容，并将频域幅度谱图像显示在对话框的界面上。

（1）增加静态文本框

从工具箱中选择"Static Text"，在界面中增加一个静态文本框，并且修改其 caption 属性为"嵌入的内容"。

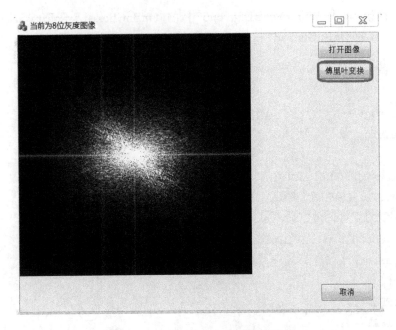

图 4-69　Lena 图像的频域幅度谱图像

（2）增加水印内容的编辑框

从工具箱中选择"Edit Control"，在界面中增加一个编辑框。修改 ID 属性为"IDC_ EDIT_EMBEDWM"；修改 Multiline 属性为"true"；修改 Vertical Scroll 属性为"true"。

为了建立界面编辑框中"嵌入的内容"与程序中变量的联系，需要为编辑框增加一个类变量，选择"项目→添加变量"，如图 4-70 所示，会出现添加成员变量向导对话框，如图 4-71 所示。

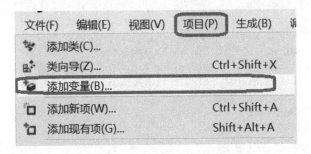

图 4-70　"项目→添加变量"

在添加成员变量向导对话框中，对编辑框"IDC_EDIT_EMBEDWM"，设置类别为"Value"，设置变量名为"m_EmbedWM"，设置变量类型为"CString"。

有兴趣的同学，可以尝试在 MyTestDlg.cpp 中，寻找程序中的变化。

（3）增加按钮

在界面中增加"水印嵌入"按钮，右击选择"属性"，在属性窗口中修改 Caption 属性和 ID 属性。Caption 属性修改为"水印嵌入"；ID 属性修改为"IDC _ EMBED_WM"。

（4）增加消息响应函数

在资源窗口的对话框界面中，双击"水印嵌入"按钮，生成其消息响应函数 OnBnClickedEmbedWm()。

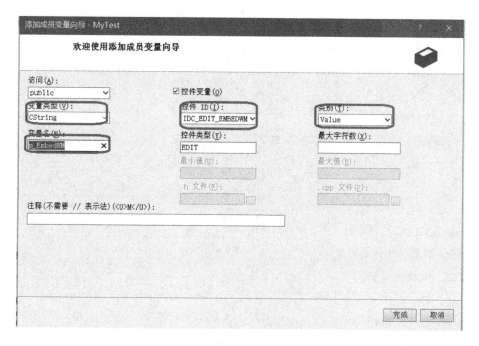

图 4-71　添加成员变量向导对话框

（5）相关库函数的移植

为了完成图像的水印嵌入，需要完成库函数的移植。

将 WaterMarkDlg. h 中的两个库函数声明复制到 MyTestDlg. h 中，下面是函数 EmbedWm（）和 Bytes2Bits（）的声明语句。

```
BOOL   EmbedWm(complex < double > * FDSHIFT,BOOL   * WMsrc,LONG fftw, LONG
ffth,int WMlength);
   void  Bytes2Bits(unsigned char * inBytes, BOOL * outBits, int nLen);
```

将 WaterMarkDlg.cpp 中的两个库函数定义复制到 MyTestDlg.cpp 中，两个函数分别为 EmbedWm（）、Bytes2Bits（）。由于函数定义很长，下面仅列出两个函数定义的首行（注意修改类名）。

```
   void CMyTestDlg::Bytes2Bits(unsigned char * inBytes, BOOL * outBits, int
nLen)
   BOOL CMyTestDlg::EmbedWm(complex < double > * FDSHIFT,BOOL   * WMsrc,LONG
fftw, LONG ffth,int WMlength)
```

（6）消息响应函数程序的移植

将下面的语句从 WaterMarkDlg. cpp 中的 OnBnClickedEmbedWm（）函数复制到 MyTestDlg. cpp 的 OnBnClickedEmbedWm（）函数中。

```
if(!IsFileOpen)
{   MessageBox(_T("还没有打开文件"));
    return;
}
if(!IsFileFFT)
{   MessageBox(_T("还没有进行 FFT,不能嵌入"));
    return;
}
int i;
UpdateData(1);
//str 转换为 byte 数组
BYTE    strbyte[32];
BOOL    WMsrc[32 * 8];
WMlength = m_EmbedWM.GetLength() * 8;
if(WMlength == 0)
{   MessageBox(_T("没有输入嵌入的内容,不能嵌入"));
    return;
}
for(i = 0;i < WMlength/8;i ++)
    strbyte[i] = (BYTE)m_EmbedWM[i];
//byte 与 bit 间转换
Bytes2Bits(strbyte, WMsrc, WMlength/8);
EmbedWm(FDSHIFT,WMsrc,fftw,ffth,WMlength);
FftAbs(FDSHIFT,pDIB,width,height,100);        //获取频谱
GraytoRGB(pDIB,pdisDIB,width,height);         //转换为 24 位图
bmiHeadernew.biBitCount = 24;
OnPaint();
```

其中,指令 UpdateData(1)表示将界面中编辑框 IDC_EDIT_EMBEDWM 中的内容更新到程序变量 m_EmbedWM 中。

编译并运行程序,打开 Lena 图像,单击"傅里叶变换"按钮,在"嵌入的内容"编辑框中输入"12345678",单击"水印嵌入"按钮,则界面上可以显示嵌入水印后的幅度频率图像,如图 4-72 所示。从图 4-72 中可以看出频域幅度谱图像的变化。

5. 傅里叶逆变换

增加"傅里叶逆变换"按钮,修改程序,实现对频域图像的傅里叶逆变换,生成空域图像,并将其显示在对话框的界面上。

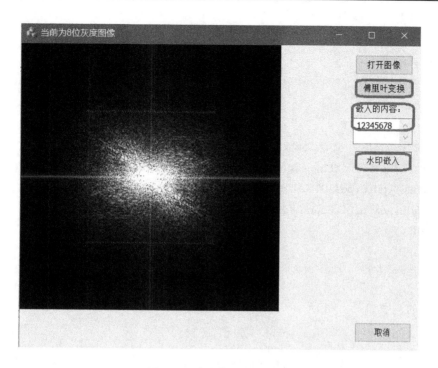

图 4-72 水印嵌入后的效果

（1）增加"傅里叶逆变换"按钮

在界面中增加一个按钮，右击选择"属性"，在属性窗口中修改 Caption 属性和 ID 属性。Caption 属性修改为"傅里叶逆变换"；ID 属性修改为"IDC _ TRAN_IFFT"。

（2）增加消息响应函数

在资源窗口的对话框界面中，双击"傅里叶逆变换"按钮，生成其消息响应函数 OnBnClickedTranIfft()。

（3）相关库函数的移植

为了完成图像的傅里叶逆变换，需要完成一个库函数的移植。

将 WaterMarkDlg. h 中的一个库函数声明复制到 MyTestDlg. h 中，下面是函数 IFFT_2D()的声明语句。

```
BOOL  IFFT_2D(complex < double >  * pCFData,complex < double > * pCTData, int
nWidth, int nHeight);
```

将 WaterMarkDlg. cpp 中的 IFFT_2D()库函数定义复制到 MyTestDlg. cpp 中，下面是 IFFT_2D()函数定义的首行（注意修改类名）。

```
BOOL CMyTestDlg::IFFT_2D(complex < double > * pCFData, complex < double > *
pCTData,  int nWidth, int nHeight)
```

（4）消息响应函数程序的移植

将下面的语句从 WaterMarkDlg. cpp 中的 OnBnClickedTranIfft2（）函数复制到

MyTestDlg. cpp 的 OnBnClickedTranIfft()函数中。

```
if(!IsFileOpen)
{   MessageBox(_T("还没有打开文件"));
    return;
}
IFFT_2D(FDSHIFT, TD,width,height);
FftAbs(TD,pDIB,width,height,1);              //获取频谱
GraytoRGB(pDIB,pdisDIB,width,height);        //转换为 24 位图
bmiHeadernew. biBitCount = 24;
OnPaint();
IsFileFFT = 0;
IsFileIFFT = 1;
```

复制后的函数如图 4-73 所示。

```
void CMyTestDlg::OnBnClickedTranIfft()
{
    // TODO: 在此添加控件通知处理程序代码
    if(!IsFileOpen)
    {
        MessageBox(_T("还没有打开文件"));
        return;
    }
    IFFT_2D(FDSHIFT, TD,width,height);
    FftAbs(TD,pDIB,width,height,1);       //获取频谱
    GraytoRGB(pDIB,pdisDIB,width,height);   //转换为24位图
    bmiHeadernew. biBitCount=24;
    OnPaint();
    IsFileFFT=0;
    IsFileIFFT=1;
}
```

图 4-73 MyTestDlg. cpp 中的 OnBnClickedTranIfft()函数

编译并运行程序,可以对傅里叶变换后的频域数据进行傅里叶逆变换。打开 Lena 图像,对其进行傅里叶变换(见图 4-69),单击"傅里叶逆变换"按钮,得到傅里叶逆变换后的空域图像,并且在界面上得以显示,如图 4-74 所示。

另外,也可以对嵌入水印后的频域数据进行傅里叶逆变换。打开 Lena 图像,对其进行傅里叶变换(见图 4-69),输入嵌入水印的内容,并嵌入水印(见图 4-72),单击"傅里叶逆变换"按钮,得到嵌入水印后的空域图像,并且在界面上得以显示,如图 4-75 所示。

从图 4-74 和图 4-75 来看,嵌入水印前后的空域图像非常相近,但实际空域图像数据是有变化的。

6. 保存图像

增加"保存图像"按钮,修改程序,将当前界面显示的图像数据保存为图像文件。

图 4-74 对傅里叶变换后的频域数据进行傅里叶逆变换

图 4-75 对嵌入水印后的频域数据进行傅里叶逆变换

（1）增加"保存图像"按钮

在界面中增加一个按钮，右击选择"属性"，在属性窗口中修改 Caption 属性和 ID 属性。Caption 属性修改为"保存图像"；ID 属性修改为"IDC_SAVE_FILE"。

（2）增加消息响应函数

在资源窗口的对话框界面中，双击"保存图像"按钮，生成其消息响应函数 OnBnClickedSaveFile()。

（3）消息响应函数程序的移植

将下面的语句从 WaterMarkDlg.cpp 中的 OnBnClickedPrevPane() 函数复制到 MyTestDlg.cpp 的 OnBnClickedSaveFile() 函数中。

```
if(!IsFileOpen)
{   MessageBox(_T("还没有打开文件"));
    return;
}
CFileDialog dlg(FALSE,0,0,OFN_HIDEREADONLY,0,0);
if(dlg.DoModal() == IDCANCEL)
{   MessageBox(_T("没有存储文件"));
    return;
}
pathname = dlg.GetPathName();
pathname += ".bmp";
//显示文件路径
SetWindowText(pathname);
if(!File.Open(pathname,CFile::modeCreate|CFile::modeNoTruncate|CFile::modeWrite))
{   MessageBox(_T("open file failed"));
    return;
}
File.Write(&bmfHeader,14);
File.Write(&bmiHeader,40);
if(bmiHeader.biBitCount == 8)
{   File.Write(QuadDIB,4 * numQuad);
    File.Write(pDIB,width * height);
}
else if(bmiHeader.biBitCount == 24)      //注意要看存储是否需要24位
    File.Write(pdisDIB,3 * width * height);
File.Close();
```

编译并运行程序，可将当前界面显示的图像数据保存为图像文件，包括以下三种情况。

① 把傅里叶变换的频域幅度谱图像保存为文件。打开 Lena 图像，对其进行傅里叶变换，单击"保存图像"按钮，将其保存为 FFT.bmp，如图 4-76 和图 4-77 所示。

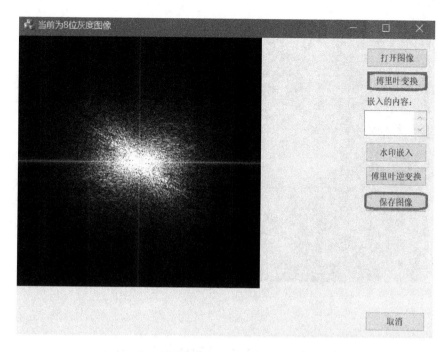

图 4-76　保存傅里叶变换的频域幅度谱图像

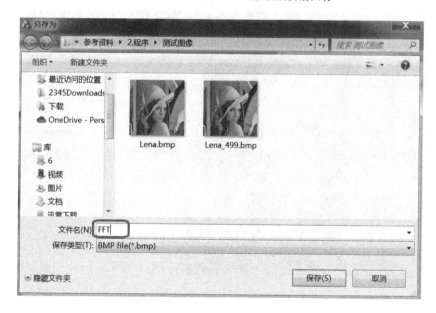

图 4-77　保存图像窗口

② 把嵌入水印后的频域幅度谱图像保存为文件。打开 Lena 图像,对其进行傅里叶变换,输入嵌入水印的内容,并嵌入水印,单击"保存图像"按钮,将其保存为 WMFFT. bmp,如图 4-78 所示。

③ 把嵌入水印后的空域图像数据保存为文件。打开 Lena 图像,对其进行傅里叶变换,输入嵌入水印的内容,并嵌入水印,进行傅里叶逆变换,得到嵌入水印后的空域图像,单击"保存图像"按钮,将其保存为 WM. bmp,如图 4-79 所示。

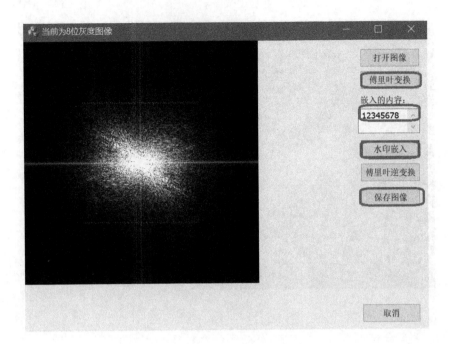

图 4-78　保存嵌入水印后的频域幅度谱图像

图 4-79　保存嵌入水印后的空域图像

7. 水印提取

增加"提取的水印"编辑框，增加"水印提取"按钮，修改程序，实现对频域数据提取水印，并将水印显示在编辑框中。

（1）增加静态文本框

从工具箱中选择"Static Text"，在界面中增加一个静态文本框，并且修改其 Caption 属性为"提取的水印"。

（2）增加提取水印的编辑框

从工具箱中选择"Edit Control"，在界面中增加一个编辑框。修改 ID 属性为"IDC_EDIT_EXTRAWM"；修改 Multiline 属性为"true"；修改 Vertical Scroll 属性为"true"。

为建立界面编辑框中"提取的水印"与程序中变量的联系，为编辑框增加一个类变量，选择"项目→添加变量"，会出现添加成员变量向导对话框，如图 4-80 所示。对编辑框"IDC_EDIT_EXTRAWM"，设置类别为"Value"，设置变量名为"m_ExtraWM"，设置变量类型为"CString"。

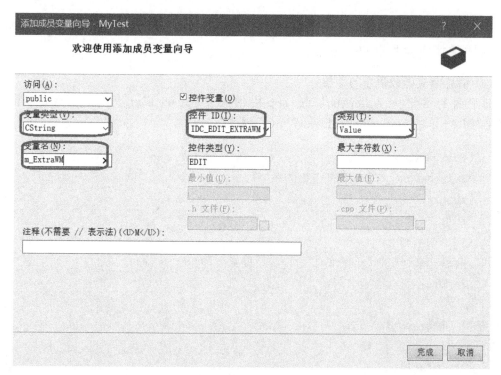

图 4-80　添加成员变量向导对话框

（3）增加"水印提取"按钮

在界面中增加一个按钮，右击选择"属性"，在属性窗口中修改 Caption 属性和 ID 属性。Caption 属性修改为"水印提取"；ID 属性修改为"ID_EXTRA_WM"。

（4）增加消息响应函数

在资源窗口的对话框界面中，双击"水印提取"按钮，生成其消息响应函数 OnBnClickedExtraWm()。

（5）相关库函数的移植

为了完成图像的水印提取，需要完成库函数的移植。

将 WaterMarkDlg.h 中的两个库函数声明复制到 MyTestDlg.h 中，下面是函数 ExtraWm()和 Bits2Bytes()的声明语句。

```
   BOOL  ExtraWm(complex < double > * FDSHIFT,BOOL  * WMextra,LONG fftw, LONG
ffth,int WMlength);
   void  Bits2Bytes(BOOL * inBits, unsigned char * outBytes, int nLen);
```

将 WaterMarkDlg.cpp 中的两个库函数的定义复制到 MyTestDlg.cpp 中,两个库函数分别为 ExtraWm()、Bits2Bytes(),下面仅列出库函数定义的首行(注意修改类名)。

```
   void CMyTestDlg::Bits2Bytes(BOOL * inBits, unsigned char * outBytes, int
nLen)
   BOOL CMyTestDlg::ExtraWm(complex < double > * FDSHIFT,BOOL  * WMextra,LONG
fftw, LONG ffth,int WMlength)
```

(6) 消息响应函数程序的移植

将下面的语句从 WaterMarkDlg.cpp 中的 OnBnClickedExtraWm2() 函数复制到 MyTestDlg.cpp 的 OnBnClickedExtraWm() 函数中。

```
   if(! IsFileOpen)
   {  MessageBox(_T("还没有打开文件"));
      return;
   }
   if(! IsFileFFT)
   {  MessageBox(_T("还没有进行 FFT,不能嵌入"));
      return;
   }
   BOOL  WMextra[32 * 8];
   char chartemp;
   UpdateData(1);
   WMlength = m_EmbedWM.GetLength() * 8;
   ExtraWm(FDSHIFT,WMextra,fftw,ffth, WMlength);
   BYTE  outbyte[32];
   Bits2Bytes(WMextra, outbyte, WMlength);
   //byte 数组转换为 str
   CString outstr;
   outstr = "";
   for(i = 0;i < WMlength/8;i ++ )
   {  chartemp = outbyte[i];
      outstr + = chartemp;
   }
   m_ExtraWM = outstr;
   UpdateData(0);
```

指令 UpdateData(0)表示将程序中变量 m_ExtraWM 的值更新到界面中的编辑框 IDC_EDIT_EXTRAWM 中。

编译并运行程序,打开嵌入水印后的图像 WM.bmp。单击"傅里叶变换"按钮,在"嵌入的内容"编辑框中任意输入 8 个字符,如"11111111"。单击"水印提取"按钮,水印便显示在"提取的水印"编辑框中。提取的内容为"12345678",提取结果与嵌入内容完全一样,提取结果正确,如图 4-81 所示。

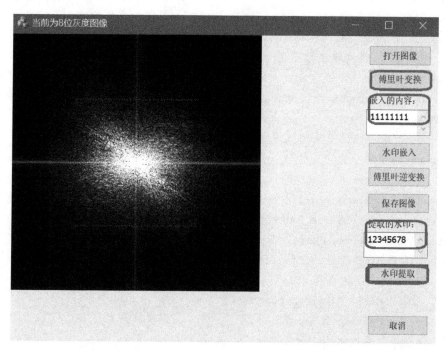

图 4-81 提取水印

这里需要说明的是,提取过程不需要原始水印,但是需要提取水印的长度,在"嵌入的内容"编辑框输入字符,是用来计算提取水印长度的,只要与嵌入水印的长度相同即可。

8. 整体水印嵌入

增加"整体水印嵌入"按钮,并且修改程序,实现对载体图像的整体水印嵌入,并保存为图像文件。

(1)增加"整体水印嵌入"按钮

在界面中增加一个按钮,右击选择"属性",修改 Caption 属性和 ID 属性。Caption 属性修改为"整体水印嵌入";ID 属性修改为"ID_EMBEDWM_TOTAL"。

(2)增加消息响应函数

在资源窗口的对话框界面中,双击"整体水印嵌入"按钮,生成其消息响应函数 OnBnClickedEmbedwmTotal()。

(3)消息响应函数程序的移植

将下面的语句从 WaterMarkDlg.cpp 中的 OnBnClickedEmbedwmTotal()函数复制到 MyTestDlg.cpp 的 OnBnClickedEmbedwmTotal()函数中。

```
if(!IsFileOpen)
{   MessageBox(_T("还没有打开文件"));
    return;
}
int i;
//1.FFT2得到频域数据FDSHIFT
FftInit(width, height);
Fourier(TD,FDSHIFT, width, height);          //FFT2
//2.嵌入水印,得到频域数据仍为FDSHIFT
UpdateData(1);
WMlength = m_EmbedWM.GetLength() * 8;
if(WMlength == 0)
{   MessageBox(_T("没有输入嵌入的内容,不能嵌入"));
    return;
}
for(i = 0;i < WMlength/8;i + + )
    strbyte[i] = (BYTE)m_EmbedWM[i];
Bytes2Bits(strbyte, WMsrc, WMlength/8);      //byte与bit间转换
EmbedWm(FDSHIFT,WMsrc,fftw,ffth,WMlength);
//3.IFFT2得到空域数据pDIB
IFFT_2D(FDSHIFT, TD,width,height);
FftAbs(TD,pDIB,width,height,1);              //获取频谱
//4.保存嵌入后的水印图像
pathname + = m_EmbedWM;
pathname + = ".bmp";
SetWindowText(pathname);
if(!File.Open(pathname,CFile::modeCreate|CFile::modeNoTruncate|CFile::modeWrite))
{   MessageBox(_T("open file failed"));
    return;
}
File.Write(&bmfHeader,14);
File.Write(&bmiHeader,40);
if(bmiHeader.biBitCount == 8)
{   File.Write(QuadDIB,4 * numQuad);
    File.Write(pDIB,width * height);
}
else if(bmiHeader.biBitCount == 24)          //注意要看存储是否需要24位
    File.Write(pdisDIB,3 * width * height);
File.Close();
```

编译并运行程序,打开 Lena 图像,在"嵌入的内容"编辑框中输入"12345678",单击"整体水印嵌入"按钮,实现对载体图像的整体水印嵌入,如图 4-82 所示。并将其保存为图像文件,这里图像的命名方式为"原文件名＋水印值. bmp",所以生成文件的名称为"Lena. bmp12345678. bmp"。

图 4-82　整体水印嵌入

9. 整体水印提取

增加"整体水印提取"按钮,修改程序,实现对嵌入水印后图像的整体水印提取,并显示提取水印的结果。

（1）增加按钮

在界面中增加一个按钮,右击选择"属性",修改 Caption 属性和 ID 属性。Caption 属性修改为"整体水印提取";ID 属性修改为"ID_ EXTRAWM_TOTAL"。

（2）增加消息响应函数

在资源窗口的对话框界面中,双击"整体水印提取"按钮,生成其消息响应函数OnBnClickedExtrawmTotal()。

（3）消息响应函数程序的移植

将下面的语句从 WaterMarkDlg. cpp 中的 OnBnClickedExtrawmTotal（）复制到MyTestDlg. cpp 的 OnBnClickedExtrawmTotal()函数中。

```
if(! IsFileOpen)
{   MessageBox(_T("还没有打开文件"));
    return;
}
char chartemp;
//1.FFT2 得到 FDSHIFT
FftInit(width, height);
Fourier(TD,FDSHIFT, width, height);    //FFT2
//2.提取水印内容
UpdateData(1);
WMlength = m_EmbedWM.GetLength() * 8;
ExtraWm(FDSHIFT,WMextra,fftw,ffth, WMlength);
Bits2Bytes(WMextra, outbyte, WMlength);
if(WMlength == 0)
{   MessageBox(_T("没有输入嵌入的内容,不能进行比较"));
    return;
}
for(i = 0;i < WMlength/8;i ++ )
    strbyte[i] = (BYTE)m_EmbedWM[i];
Bytes2Bits(strbyte, WMsrc, WMlength/8);      //byte 与 bit 间转换
//显示提取的结果
m_ExtraWM = "";
for(i = 0;i < WMlength/8;i ++ )
{   chartemp = outbyte[i];
    m_ExtraWM + = chartemp;
}
UpdateData(0);
```

编译并运行程序,打开嵌入水印后的图像 WM.bmp。在"嵌入的内容"编辑框中任意输入 8 个字符,如"11111111"。单击"整体水印提取"按钮提取水印,并显示在"提取的水印"编辑框中。提取内容为"12345678",提取结果正确,如图 4-83 所示。

10. 发布 Release 版程序

上述程序比本书配套的 VC 程序运行慢,这是由于程序是 Debug 版。Debug 版用于开发过程,方便进行调试,当确定最终程序后,可以发布为 Release 版。如图 4-84 所示,在菜单栏下方选择"Release",编译生成 Release 版程序。Release 版程序比 Debug 版程序小,而且运行速度快。

图 4-83 整体水印提取

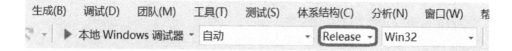

图 4-84 发布 Release 版程序

4.5 C 语言实现的数字图像水印算法的主要程序

因为 VS2012 下的 C 语言程序代码太长,所以本节只列出了部分程序。

- 傅里叶变换程序。
- 傅里叶逆变换程序。
- 图像水印嵌入程序。
- 图像水印提取程序。

(1) 傅里叶变换程序

```
voidCWaterMarkDlg::OnBnClickedTranFft()
{
    // TODO:在此添加控件通知处理程序代码
    //进行 FFT 变换的空域数据为 pDIB
    //得到的频域数据为 FDSHIFT
```

101

```
    if(!IsFileOpen)
    {
        MessageBox(_T("还没有打开文件"));
        return;
    }
        FftInit(width, height);
        Fourier(TD,FDSHIFT, width, height);        //FFT2
        FftAbs(FDSHIFT,pDIB,width,height,100);     //获取频谱
        GraytoRGB(pDIB,pdisDIB,width,height);      //转换为 24 位图
        bmiHeadernew.biBitCount = 24;
        OnPaint();
        IsFileFFT = 1;
        IsFileIFFT = 0;
}


voidCWaterMarkDlg::FftInit(LONGlWidth, LONGlHeight)
{
    //赋初值
    BYTE * lpSrc;
    fftw = 1;
    ffth = 1;
    wp = 0;
    hp = 0;
    //计算进行傅里叶变换的宽度和高度(2 的整数次方)
    while(fftw * 2 <= lWidth)
    {
        fftw * = 2;
        wp ++ ;
        }
    while(ffth * 2 <= lHeight)
    {
        ffth * = 2;
        hp ++ ;
    }
    if(FDSHIFT)
        delete []FDSHIFT;
        FDSHIFT = newcomplex < double >[fftw * ffth];
    if(TD)
        delete []TD;
```

```
        TD = newcomplex<double>[fftw * ffth];  //变换前的时域图像
//为时域频谱赋初值
    for(i = 0; i<ffth; i++)
    {
        for(j = 0; j<fftw; j++)
        {
            //指向DIB第i行,第j个像素的指针
            lpSrc = (unsignedchar *)pDIB + width * (height - 1 - i) + j;
            //给时域赋值
            TD[j + fftw * i] = complex<double>( *(lpSrc), 0);
        }
    }
}


BOOLCWaterMarkDlg::Fourier(complex < double > * TD, complex < double > *
                    FDSHIFT,LONGlWidth, LONGlHeight)
{
    //循环变量
    LONG i;
    LONG j;
    //计算图像每行的字节数
    lLineBytes = WIDTHBYTES(lWidth * 8);
    //分配内存
    complex<double> *FD = newcomplex<double>[fftw * ffth];
    for(i = 0; i<ffth; i++)
    {
        //对y方向进行快速傅里叶变换
        FFT(&TD[fftw * i], &FD[fftw * i], wp);
    }
    //保存变换结果
    for(i = 0; i<ffth; i++)
    {
        for(j = 0; j<fftw; j++)
        {
            TD[i + ffth * j] = FD[j + fftw * i];
        }
    }
    for(i = 0; i<fftw; i++)
    {
```

```
        //对 x 方向进行快速傅里叶变换
        FFT(&TD[i * ffth], &FD[i * ffth], hp);
    }
    //进行频谱的平移,并且进行转置
    for(i = 0; i < ffth; i++)
    {//列
        for(j = 0; j < fftw; j++)
        {
            //FDSHIFT[(j < fftw/2 ? j + fftw/2 : j - fftw/2) + fftw * (i <
                ffth/2 ? i + ffth/2 : i - ffth/2)] = FD[j + fftw * i];
            //为了与 MATLAB 的过程一致,在这个函数中进行了数据的转置
            FDSHIFT[(j < fftw/2 ? j + fftw/2 : j - fftw/2) + fftw * (i < ffth/
                2 ? i + ffth/2 : i - ffth/2)] = FD[i + fftw * j];
        }
    }
    //删除临时变量
    delete FD;
    //返回
    return 1;
}
BOOLCWaterMarkDlg::FftAbs(complex < double > * FDSHIFT, LPSTRpDIB, LONGlWidth,
LONGlHeight, intparabili)
{
    int i, j;
    double dTemp;
    //指向源图像的指针
    unsignedchar * lpSrc;
    for(i = 0; i < ffth; i++)
    {
        for(j = 0; j < fftw; j++)
        {
            dTemp = sqrt(FDSHIFT[i * ffth + j].real() * FDSHIFT[i * ffth
                + j].real() + FDSHIFT[i * ffth + j].imag() *
                FDSHIFT[i * ffth + j].imag()) / parabili;
            //判断是否超过 255
            if (dTemp > 255)
            {//对于超过的,直接设置为 255
                dTemp = 255;
```

```
        }
        //此处不直接取i和j,是为了将变换后的原点移到中心
        lpSrc = (unsignedchar * )pDIB + lWidth * (lHeight − 1 − i) + j;
        //为了保证与MATLAB的一致,采用四舍五入的方式,得到整数
        dTemp = dTemp * 10;
        if((((int)dTemp) % 10)> = 5)
            * (lpSrc) = (BYTE)(dTemp/10) + 1;
        else
            * (lpSrc) = (BYTE)(dTemp/10);
        // * (lpSrc) = (BYTE)dTemp;    //采用舍弃小数部分的方式取整
        }
    }
    return 1;
}
```

(2) 傅里叶逆变换程序

```
voidCWaterMarkDlg∷OnBnClickedTranIfft2()
{
    if(! IsFileOpen)
    {
        MessageBox(_T("还没有打开文件"));
        return;
    }
    IFFT_2D(FDSHIFT, TD,width,height);
    FftAbs(TD,pDIB,width,height,1);        //获取频谱
    GraytoRGB(pDIB,pdisDIB,width,height);    //转换为24位图
    bmiHeadernew.biBitCount = 24;
    OnPaint();
    IsFileFFT = 0;
    IsFileIFFT = 1;
}

BOOL CWaterMarkDlg∷IFFT_2D(complex < double >    *    pCFData,    complex <
double >    *    pCTData,    intnWidth,    intnHeight)
{
    int x;
    int y;
    int nTransWidth;
    int    nTransHeight;
```

```
nTransWidth = fftw;
nTransHeight = ffth;

complex<double>  * pCWork =  newcomplex<double>[nTransWidth  *
                            nTransHeight];
//临时变量
complex<double>  * pCTmp  ;
for(y  =   0;   y  <   nTransHeight;   y++)
{
    for(x   =   0;   x  <   nTransWidth;   x++)
    {
        pCTmp  =   &pCFData[nTransWidth  *   y   +   x]  ;
        pCFData[nTransWidth  *   y   +   x]
        =   complex<double>(pCTmp->real(), - pCTmp->imag());
    }
}
//调用傅里叶正变换,变换后数据为 pCWork
Fourier(pCFData, pCWork,nWidth,nHeight);
for(y  =   0;   y  <   nTransHeight;   y++)
{
    for(x   =   0;   x  <   nTransWidth;   x++)
    {
        //注意,平移到中心
        pCTmp  =  &pCWork[nTransWidth * (y<ffth/2 ? y+ffth/2 : y-
                ffth/2) + (x<fftw/2 ? x+fftw/2 : x-fftw/2)];
        //为了保证与 MATLAB 的程序一致,不旋转90度
        pCTData[nTransHeight  *   y   +   x]  =
        complex<double>( pCTmp->real()/(nTransWidth*nTransHeight),
                        - pCTmp->
            imag()/(nTransWidth*nTransHeight)  );
    }
}
delete   pCWork;
pCWork  =   NULL;
return 1;
}
```

(3) 图像水印嵌入程序

106

```
voidCWaterMarkDlg::OnBnClickedEmbedWm()
{// TODO:在此添加控件通知处理程序代码
    if(!IsFileOpen)
    {   MessageBox(_T("还没有打开文件"));
        return;
    }
    if(!IsFileFFT)
    {   MessageBox(_T("还没有进行 FFT,不能嵌入"));
        return;
    }
    int i;
    UpdateData(1);
    //str 转换为 byte 数组
    BYTE   strbyte[32];
    BOOL   WMsrc[32 * 8];
    WMlength = m_EmbedWM.GetLength() * 8;
    if(WMlength == 0)
    {
        MessageBox(_T("没有输入嵌入的内容,不能嵌入"));
        return;
    }
    for(i = 0;i < WMlength/8;i + + )
        strbyte[i] = (BYTE)m_EmbedWM[i];
    //byte 与 bit 间转换
    Bytes2Bits(strbyte, WMsrc, WMlength/8);
    EmbedWm(FDSHIFT,WMsrc,fftw,ffth,WMlength);
    FftAbs(FDSHIFT,pDIB,width,height,100);       //获取频谱
    GraytoRGB(pDIB,pdisDIB,width,height);        //转换为 24 位图
    bmiHeadernew.biBitCount = 24;
    OnPaint();
}


BOOLCWaterMarkDlg::EmbedWm(complex < double >  * FDSHIFT,BOOL   * WMsrc,
LONGfftw, LONGffth,intWMlength)
{
    //进行嵌入水印前的频域数据为 FDSHIFT
    //经过嵌入处理后的频域数据仍然为 FDSHIFT
    int startx,endx;                                    //进行嵌入水印的 x 范围
    int starty,endy;                                    //进行嵌入水印的 y 范围
```

```
int disx,disy;                    //嵌入水印区域中要除去的距离
int i,j;                          //基本的循环变量以及块内循环变量
int brow,bcolomn;                 //brow 表示块的行号,bcolomn 表示块的列号
int stepx,stepy;                  //分块嵌入水印的宽高
int maxbrow,maxbcolomn;           //表示可以嵌入水印的最大分块数,maxbrow 为行
                                    数,表示 y 方向;maxbcolomn 为列数,表示 x 方向
double   WMk;                     //嵌入水印的强度 k
complex < double > * WMD;         //嵌入水印的数据
int WMDw,WMDh;                    //表示嵌入水印区域的宽和高
complex < double > * WMDBlock;    //嵌入水印的分块数据
complex < double >    * pCTmp;    //临时变量
//分块中,块 1 的坐标,前面的坐标为 x,后面的为 y
int SG1[4][2] = {{2,0},{3,0},{2,1},{3,1}};
//分块中,块 2 的坐标
int SG2[4][2] = {{0,2},{1,2},{0,3},{1,3}};
    startx = 0;endx = fftw - 1;     //注意 VC 与 MATLAB 的差别,VC 从 0 开始
    starty = 0;endy = ffth - 1;
  if(fftw % 2 == 0)              //如果是偶数,则从 2 开始
      startx = 1;
  if(ffth % 2 == 0)
      starty = 1;
    disx = (endx - startx)/4;
    disy = (endy - starty)/4;
  //结合 disx,disy,修正水印嵌入区域
    startx = startx + disx;   endx = endx - disx;
    starty = starty + disy;   endy = endy - disy;
    WMDw = endx - startx + 1;
    WMDh = endy - starty + 1;
    WMD = newcomplex < double >[WMDw * WMDh];   //嵌入水印的数据
  //获取水印区域数据 WDM
  for(i = starty; i <= endy; i++)
  {
      for(j = startx; j <= endx; j++)
      {
          WMD[(j - startx) + WMDw * (i - starty)] = FDSHIFT[j + fftw * i];
      }
  }
```

```
stepx = stepy = 4;
maxbcolomn = WMDw /stepx;                 //x 方向最大分块
maxbrow = WMDh /(stepy * 2);              //y 方向最大分块
double e1all,e2all;                       //表示两个块分别的总能量
double deltaUp = 0;                       //计算两个小块能量差的中间量
double deltaDown = 0;
WMk = 50000;                              //强度
int WMnum = 0;                            //表示当前已经嵌入的水印位数
WMDBlock = newcomplex < double >[stepx * stepy];
//对分块区域进行水印处理
for(brow = 0; brow < maxbrow; brow ++ )
{
  for(bcolomn = 0; bcolomn < maxbcolomn; bcolomn ++ )
  {
  //获取 4 * 4 的分块区域
  for(i = 0;i < stepy;i ++ )
  {
    for(j = 0;j < stepx;j ++ )
    {
      WMDBlock[i * stepx + j] = WMD[(brow * stepy + i) * WMDw + bcolomn * stepx + j];
    }
  }
  //每次计算分块能量前,需要初始化
  e1all = e2all = 0;
  double e1[4] = {0,0,0,0};
  double e2[4] = {0,0,0,0};
  //对分块中两个小能量块分别计算能量
  for(i = 0;i < 4;i ++ )
  {  //第 1 小块能量
    pCTmp   =   & WMDBlock[SG1[i][1] * stepx + SG1[i][0]];
      e1[i] = sqrt(pCTmp -> real() * pCTmp -> real() + pCTmp -> imag()
             * pCTmp -> imag());
    e1all + = e1[i];
    //第 2 小块能量
    pCTmp   =   & WMDBlock[SG2[i][1] * stepx + SG2[i][0]];
    e2[i] = sqrt(pCTmp -> real() * pCTmp -> real() + pCTmp -> imag() *
          pCTmp -> imag());
    e2all + = e2[i];
```

```
    }
    if((WMsrc[WMnum] == 0)&&((e1all − e2all)< WMk))    //水印为 0,保证 e1 − e2 > k
    {
        deltaUp = (WMk − e1all + e2all)/(2 * 4);    //向上减小值
        deltaDown = (WMk − e1all + e2all)/(2 * 4);  //向下减小值
        for(i = 0;i < 4;i ++)
        {    //第 1 小块能量修改,增加 delta
            pCTmp    =   & WMDBlock[SG1[i][1] * stepx + SG1[i][0]];
             * pCTmp = * pCTmp * (e1[i] + deltaUp)/e1[i];
        //第 2 小块能量修改,增加 delta
            pCTmp    =   & WMDBlock[SG2[i][1] * stepx + SG2[i][0]];
             * pCTmp = * pCTmp * (e2[i] − deltaDown)/e2[i];
        }
    }
else if ((WMsrc[WMnum] == 1)&&((e2all − e1all)< WMk))
{
    deltaUp = (WMk − e2all + e1all)/(2 * 4);        //向上减小值
    deltaDown = (WMk − e2all + e1all)/(2 * 4);      //向下减小值
    for(i = 0;i < 4;i ++)
    {
        //第 2 小块能量修改,增加 delta
        pCTmp    =   & WMDBlock[SG2[i][1] * stepx + SG2[i][0]];
         * pCTmp = * pCTmp * (e2[i] + deltaUp)/e2[i];
        //第 1 小块能量修改,减少 delta
        pCTmp    =   & WMDBlock[SG1[i][1] * stepx + SG1[i][0]];
         * pCTmp = * pCTmp * (e1[i] − deltaDown)/e1[i];
    }
}

e1all = e2all = 0;
//修改系数后,重新进行计算
for(i = 0;i < 4;i ++)
    {
    //第 1 小块能量
    pCTmp    =   & WMDBlock[SG1[i][1] * stepx + SG1[i][0]];
    e1[i] = sqrt(pCTmp − >real() * pCTmp − >real() + pCTmp − >imag() *
            pCTmp − >imag());
    e1all + = e1[i];
    //第 2 小块能量
```

```
    pCTmp    =    & WMDBlock[SG2[i][1] * stepx + SG2[i][0]];
    e2[i] = sqrt(pCTmp -> real() * pCTmp -> real() +
           pCTmp -> imag() * pCTmp -> imag());
    e2all + = e2[i];
}
//将修改过的 4 * 4 区域,反向赋值给水印区域数据 WMD
for(i = 0;i < stepy;i + +)
{
   for(j = 0;j < stepx;j + +)
   {
        WMD[(brow * stepy + i) * WMDw + bcolomn * stepx + j = WMDBlock[i * stepx + j];
   }
}
//对共轭对称区域进行赋值
//4 * 4 区域取共轭
for(i = 0;i < stepy;i + +)
{
   for(j = 0;j < stepx;j + +)
   {
        pCTmp    =    &WMDBlock[i * stepx + j];
        WMDBlock[i * stepx + j] = complex < double > (pCTmp -> real(), - pCTmp
                               -> imag());
   }
}
//对共轭区域进行赋值,并且对角线转置
for(i = 0;i < stepy;i + +)
{
   for(j = 0;j < stepx;j + +)
   {
        WMD[(WMDh - (brow + 1) * stepy + i) * WMDw + WMDw - (bcolomn + 1) * stepx + j]
           = WMDBlock[15 - (i * stepx + j)];
   }
}
   WMnum + + ;
   if(WMnum > = WMlength)
   break;
}
```

111

```
    if(WMnum > = WMlength)
    break;
    }
    //将处理后的水印数据,反向赋值给水印区域数据 WDM
    //获取水印区域数据 WDM
    for(i = starty; i < endy; i ++)
    {
      for(j = startx; j < endx; j ++)
      {
          FDSHIFT[j + fftw * i] = WMD[(j - startx) + WMDw * (i - starty)];
      }
    }
    return 1;
}
```

(4) 图像水印提取程序

```
voidCWaterMarkDlg::OnBnClickedExtraWm2()
{
    // TODO:在此添加控件通知处理程序代码
    if(! IsFileOpen)
    {
        MessageBox(_T("还没有打开文件"));
        return;
    }
    if(! IsFileFFT)
    {
        MessageBox(_T("还没有进行 FFT,不能嵌入"));
        return;
    }
    BOOL  WMextra[32 * 8];
    char chartemp;
    ExtraWm(FDSHIFT,WMextra,fftw,ffth, WMlength);
    BYTE  outbyte[32];
    Bits2Bytes(WMextra, outbyte, WMlength);
    //byte 数组转换为 str
    CString outstr;
    outstr = "";
    for(i = 0;i < WMlength/8;i ++)
```

```
        {
            chartemp = outbyte[i];
            outstr + = chartemp;
        }
        m_ExtraWM = outstr;
        UpdateData(0);
    }


    BOOLCWaterMarkDlg::ExtraWm(complex < double > * FDSHIFT,BOOL    * WMextra,
LONGfftw,LONGffth,intWMlength)
        int startx,endx;          //进行嵌入水印的 x 范围
        int starty,endy;          //进行嵌入水印的 y 范围
        int disx,disy;            //嵌入水印区域中要除去的距离
        int i,j;                  //基本的循环变量以及块内循环变量
        int brow,bcolomn;         //brow 表示块的行号,bcolomn 表示块的列号
        int stepx,stepy;          //分块嵌入水印的宽高
        int maxbrow,maxbcolomn;   //表示可以嵌入水印的最大分块数,maxbrow 为行
                                  数,表示 y 方向;maxbcolomn 为列数,表示 x 方向
        complex < double > * WMD; //嵌入水印的数据
        int WMDw,WMDh;            //表示嵌入水印区域的宽和高
        complex < double > * WMDBlock;   //嵌入水印的分块数据
        complex < double >  * pCTmp;     //临时变量
        //分块中,块 1 的坐标,前面的坐标为 x,后面的为 y
        int SG1[4][2] = {{2,0},{3,0},{2,1},{3,1}};
        //分块中,块 2 的坐标
        int SG2[4][2] = {{0,2},{1,2},{0,3},{1,3}};
            startx = 0;endx = fftw - 1;   //注意 VC 与 MATLAB 的差别,VC 从 0 开始
            starty = 0;endy = ffth - 1;
        if(fftw % 2 == 0)                 //如果是偶数,则从 2 开始
                startx = 1;
        if(ffth % 2 == 0)
                starty = 1;
        disx = (endx - startx)/4;
        disy = (endy - starty)/4;
        //结合 disx,disy,修正水印嵌入区域
        startx = startx + disx;   endx = endx - disx;
        starty = starty + disy;   endy = endy - disy;
        WMDw  = endx - startx + 1;
        WMDh  = endy - starty + 1;
```

```
WMD = newcomplex<double>[WMDw * WMDh]; //嵌入水印的数据
    //获取水印区域数据 WDM
  for(i = starty; i <= endy; i++)
  {
      for(j = startx; j <= endx; j++)
      {
          WMD[(j - startx) + WMDw * (i - starty)] = FDSHIFT[j + fftw * i];}
  }
stepx = stepy = 4;
maxbcolomn = WMDw / stepx;                    //x 方向最大分块
maxbrow = WMDh / (stepy * 2);                 //y 方向最大分块
double e1all, e2all;                          //表示两个块分别的总能量
int WMnum = 0;                                //表示当前已经嵌入的水印位数
WMDBlock = newcomplex<double>[stepx * stepy];
//对分块区域进行水印处理
for(brow = 0; brow < maxbrow; brow++)
{
        for(bcolomn = 0; bcolomn < maxbcolomn; bcolomn++)
        {
            //获取 4 * 4 的分块区域
            for(i = 0; i < stepy; i++)
            {
                for(j = 0; j < stepx; j++)
                {
                    WMDBlock[i * stepx + j]
                    = WMD[(brow * stepy + i) * WMDw + bcolomn * stepx + j];
                }
            }
            //每次计算分块能量前,需要初始化
            e1all = e2all = 0;
            double e1[4] = {0,0,0,0};
            double e2[4] = {0,0,0,0};
            //对分块中两个小能量块分别计算能量
            for(i = 0; i < 4; i++)
            {
                //第 1 小块能量
                pCTmp    =    & WMDBlock[SG1[i][1] * stepx + SG1[i][0]];
                e1[i] = sqrt(pCTmp -> real() * pCTmp -> real() +
```

```
                    pCTmp -> imag() * pCTmp -> imag());
                e1all + = e1[i];
        //第 2 小块能量
                pCTmp    =    & WMDBlock[SG2[i][1] * stepx + SG2[i][0]];
                e2[i] = sqrt(pCTmp -> real() * pCTmp -> real() +
                    pCTmp -> imag() * pCTmp -> imag());
                e2all + = e2[i];
        }
        if(e1all > = e2all)  //水印为 0,保证 e1 - e2 > k
        {
                WMextra[WMnum] = 0;
        }
        else//水印为 1,保证 e2 - e1 > k
        {
                WMextra[WMnum] = 1;
        }
        WMnum + + ;
        if(WMnum > = WMlength)
                break;
        if(WMnum > = WMlength)
                break;
        }
    return 1;
}
```

第 5 章　基于 JNI 技术的 C 语言版数字图像水印算法的程序实现

本章将讲述基于 JNI 技术的 C 语言版数字图像水印算法的程序实现，即以第 4 章中使用 C 语言实现的水印程序为基础，通过 JNI 技术，将其编译为 Java 项目中可以调用的 DLL，从而实现基于 Java 环境下的数字图像水印程序。

本章首先对 JNI 技术进行简要的介绍，其中包括 JNI 技术的概念和 JNI 技术的实现流程。

通过实例讲解 JNI 技术的实现方法，主要内容包括：新建 Java 项目，新建主 Java 类；在已有 Java 类中，声明调用 JNI 的内容；使用 javac 和 javah 指令生成.h 文件；在 VS 环境中，开发 DLL 项目，复制 DLL 文件到 Java 项目，通过 JNI 类调用库函数。

使用 JNI 技术实现 C 语言版的数字图像处理程序。具体来说，就是先建立 Java 项目，定义调用的库函数的接口。在 VS 环境中，将已有的 C 语言图像处理程序编译为 Java 环境下可以调用的 DLL 文件。在 Java 程序中调用该 DLL 文件，实现数字图像处理程序。

为实现 Java 环境下 C 语言版的数字图像水印程序，将第 4 章实现的数字图像水印程序分步移植到 DLL 项目中。在 Java 程序中调用 DLL 文件，从而实现 Java 环境下的数字图像水印程序。

本章的安排如下。

（1）JNI 技术的介绍。

（2）JNI 技术实现的实例。

（3）使用 JNI 技术实现 C 语言版的数字图像处理程序。

（4）使用 JNI 技术实现 C 语言版的数字图像水印算法。

（5）JNI 实现数字图像水印算法的主要程序。

5.1　JNI 技术的介绍

1. JNI 技术

JNI 是 Java Native Interface 的缩写，中文为 Java 本地接口。开发人员利用 JNI 技术，通过特定的函数声明格式，将 C/C++编写的函数编译为 Java 程序可以调用的 DLL 文件。JNI 是连接 Java 与 C/C++的桥梁。

在 Java 程序中，使用 native 关键字修饰的方法为本地方法，该方法只有声明，没有实现，该方法的实现在 C/C++中完成。

2. JNI 技术的流程

（1）新建 Java 项目，新建主 Java 类。

（2）在已有 Java 类中，声明调用 JNI 的内容，包括载入的库文件名和调用的 native 函数,此类即为 JNI 类。

（3）使用指令 javac 和 javah 生成.h 文件。

（4）在 VS 环境中，开发 DLL 项目，复制 DLL 文件到 Java 项目，通过 JNI 类调用库函数。

5.2　JNI 技术实现的实例

本章使用的 Java 开发环境为 JDK1.8＋Eclipse，DLL 项目的开发环境为 VS2012。

在许多其他的书里，关于 JDK 和 Eclipse 的安装与配置都有详细的描述，本书由于篇幅有限，不再赘述。

1. 在 Eclipse 中新建 Java 项目

本书采用的 Eclipse 为 eclipse-jee-2018-09-win32-x86_64，启动界面如图 5-1 所示。

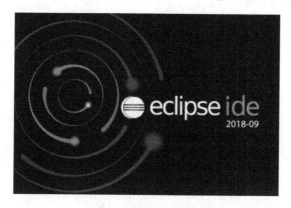

图 5-1　Eclipse 启动界面

选择"文件→新建→项目→Java 项目"，在"新建 Java 项目"对话框中，设置项目名称为"TestJNI"，同时设置项目的目录，单击"完成"按钮，如图 5-2 所示。

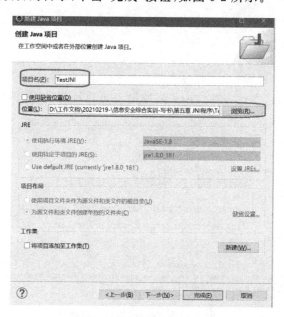

图 5-2　新建 Java 项目

完成项目新建后，当前项目是空的。右击"TestJNI 项目"，选择"新建→类"，在"新建 Java 类"对话框中，设置包名为"com. bigc. test"，设置类名为"TestJNI"，如图 5-3 所示。

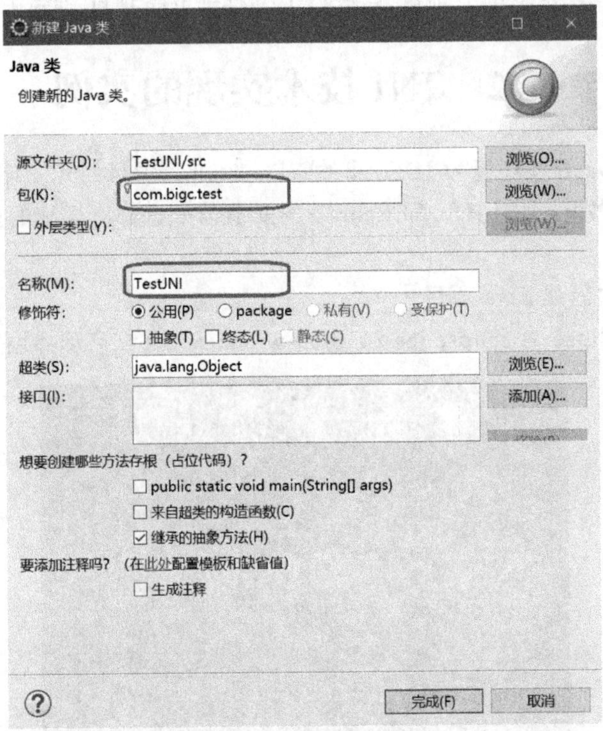

图 5-3　新建 Java 类

在 TestJNI 类中，增加下面的语句。

```
public static void main (String args[ ])
{
    System.out.println("welcome to Java World!");
}
```

编译运行 Java 项目，在输出窗口中实现输出语句的效果，如图 5-4 所示。

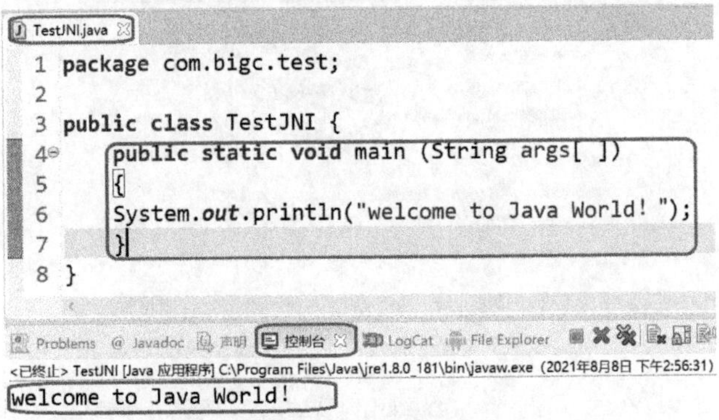

图 5-4　编辑和编译运行项目

118

2. 在 TestJNI 类中声明调用 JNI 的内容

需要添加的声明语句如下。

```
static
{
    System.loadLibrary("testjni");
}
public static native void hello (String msg);
```

这段语句声明载入的库文件名为 testjni，调用的 native 函数为 hello。

3. 使用指令 javac 和 javah 生成 .h 文件

这里需要注意的是，若直接采用 Eclipse 环境对新的 TestJNI 类进行编译，则会出现如图 5-5 所示的错误，这是因为目前项目中没有 testjni 这个库文件。

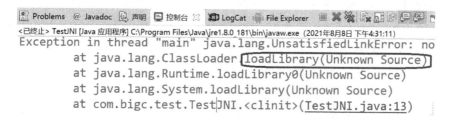

图 5-5　Eclipse 对当前项目编译出错的界面

在运行中输入"cmd"，进入"命令提示符"模式，进入当前项目中 TestJNI.java 文件所在的目录（当前项目目录\src\com\bigc\test），使用下面的语句编译 TestJNI.java，在同目录下生成 TestJNI.class。

```
javac TestJNI.java
```

为使用指令 javah，将新的 TestJNI.class 复制到对应的 class 文件所在的目录（当前项目目录\bin\com\bigc\test）下，替换原来的 class 文件。

在"命令提示符"窗口进入 bin 目录（当前项目目录\bin），使用下面的语句编译 class 文件，在 bin 目录下生成 com_bigc_test_TestJNI.h 文件。

```
javah - jni com.bigc.test.TestJNI
```

综上所述，.h 文件的编译过程需要注意三点。

（1）必须在"命令提示符"模式下使用指令 javac 和 javah 编译。

（2）指令 javac 在 .java 文件目录下运行。

（3）javah 需要在 bin 目录下运行。

下面是 com_bigc_test_TestJNI.h 文件的内容。

```
/ *  DO NOT EDIT THIS FILE - it is machine generated  * /
# include < jni. h >
/ *  Header for class com_bigc_test_TestJNI  * /
# ifndef _Included_com_bigc_test_TestJNI
# define _Included_com_bigc_test_TestJNI
# ifdef __cplusplus
extern "C" {
# endif
/ *
  * Class：    com_bigc_test_TestJNI
  * Method：   hello
  * Signature：(Ljava/lang/String;)V
  * /
JNIEXPORT void JNICALL Java_com_bigc_test_TestJNI_hello
  (JNIEnv * , jclass, jstring);
# ifdef __cplusplus
}
# endif
# endif
```

这个文件中最重要的功能是定义 JNI 调用函数的接口,主要语句如下。

```
JNIEXPORT void JNICALL Java_com_bigc_test_TestJNI_hello
  (JNIEnv * , jclass, jstring);
```

函数的命名格式为"Java_包名_类名_函数名",包名中的"."也用"_"代替。

另外,这里的函数参数有三个,此处只给出了参数的类型,在后面函数的定义中,会给出参数的具体名称。

4. 开发 DLL 项目,通过 JNI 类调用库函数

(1) 新建 MFC DLL

为了在 DLL 项目中支持 MFC,需要新建 MFC DLL。

在 VS 2012 中,选择"文件→新建→项目",出现的界面如图 5-6 所示,选择"Visual C++→MFC→MFC DLL",设置项目名称为"testjni",设置项目的目录位置。在后面 MFC DLL 向导中,均采用默认设置,如图 5-7 和图 5-8 所示,单击"完成"按钮,即可生成 DLL 项目"testjni"。

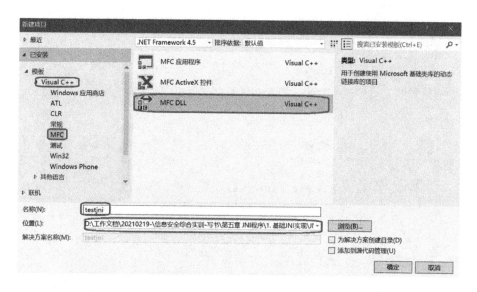

图 5-6 新建 DLL 项目窗口

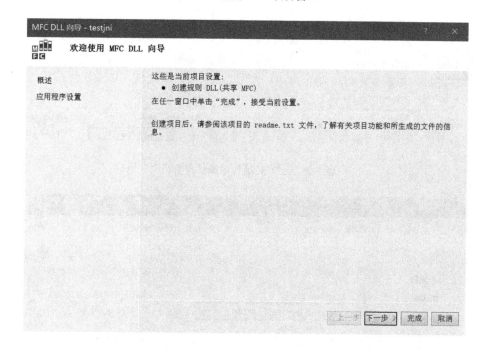

图 5-7 MFC DLL 向导(一)

(2) 在 DLL 项目中添加 com_bigc_test_TestJNI. h 文件

将前面 Java 项目 bin 目录下生成的 com_bigc_test_TestJNI. h 文件复制到当前的 testjni 项目源文件目录。

选择"testjni→添加→现有项",如图 5-9 所示。在添加现有项窗口中,选择"com_bigc_test_TestJNI. h"文件,单击"添加"按钮,如图 5-10 所示。

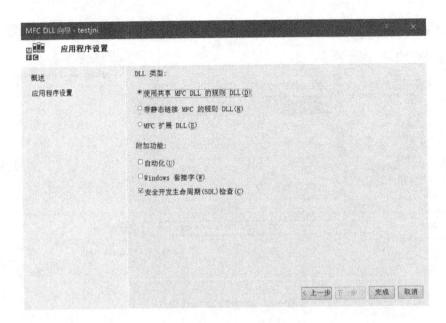

图 5-8　MFC DLL 向导(二)

图 5-9　在 DLL 项目中添加现有项

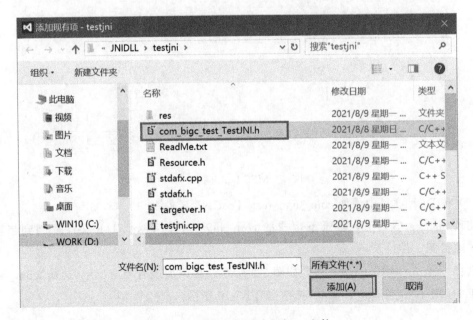

图 5-10　在 DLL 项目中添加 .h 文件

在 testjni.cpp 中增加下面的语句。

```
#include "com_bigc_test_TestJNI.h"
```

它表示在程序中添加 com_bigc_test_TestJNI.h。双击打开 com_bigc_test_TestJNI.h,可以看到一处错误提示,即当前 VS 环境不识别"jni.h",如图 5-11 所示。

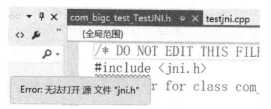

图 5-11 jni.h 的错误提示

为使编译环境支持"jni.h",需要增加项目的包含目录。

右击"项目",选择"属性"。在属性窗口中,选择"配置属性→VC++目录→包含目录",单击"下拉箭头→编辑",出现包含目录窗口,将当前电脑上 jdk 目录下的 include 目录和 include/win32 目录添加到当前项目。如图 5-12 和图 5-13 所示。

图 5-12 属性窗口中包含目录

图 5-13 增加 jdk 目录

选择"生成→生成解决方案",提示编译和生成成功。在当前项目 Debug 目录下,生成 testjni. dll 文件。

（3）在 Java 项目中调用 dll 文件

虽然当前的 testjni. dll 还没有实际功能,但可以先验证 Java 项目能否调用 testjni. dll 文件。

将 testjni. dll 文件复制到前面 Java 项目 TestJNI 的项目目录,在 Eclipse 中编译 TestJNI 项目,但是会报错,如图 5-14 所示。这表示当前的 Eclipse 是 64 位的,而 testjni. dll 文件是 32 位的,所以载入 dll 文件会出错。

图 5-14   载入 32 位 testjni. dll 文件的报错界面

为了生成 64 位的 dll 文件,在 DLL 项目 testjni 中,右击"项目",选择"属性→配置管理器",在配置管理器窗口寻找 win32 右侧的下拉按钮,单击"新建"按钮,出现"新建项目平台"窗口,选择"x64",配置当前项目为 64 位,如图 5-15 所示。

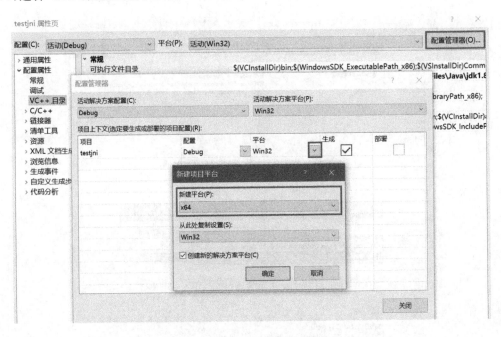

图 5-15   配置 testjni 项目为 64 位

选择"生成→重新生成解决方案",提示编译和生成成功。在当前项目 x64/Debug 目录下,生成 testjni. dll 文件。

将 testjni. dll 文件复制到 Java 项目 TestJNI 的项目目录,替换已有文件。在 Eclipse 中编译 TestJNI 项目,这时编译成功,说明 Java 项目可以调用 testjni. dll 文件。

（4）增加 MFC DLL 的库函数

在 DLL 项目 testjni 中的 testjni. cpp,增加下面语句,实现 hello()函数的定义。

```
JNIEXPORT void JNICALL Java_com_bigc_test_TestJNI_hello(JNIEnv * env,
jclass obj, jstring jMsg)
{
    MessageBox( GetActiveWindow(), _T("Helllo World"),_T("消息"),  MB_OK);
}
```

具体的程序说明如下。

① 定义 hello()函数的 3 个参数分别为"JNIEnv * env"、"jclass obj"、"jstring jMsg"。

② 定义一个"MessageBox",其标题栏为"消息",消息内容为"HelloWorld"。

选择"生成→重新生成解决方案",提示编译和生成成功。在当前项目 x64/Debug 目录下,生成 testjni.dll 文件。

将 testjni.dll 文件复制到 Java 项目 TestJNI 的项目目录,替换已有文件。

在 Java 项目 TestJNI 项目的主类文件 Main 函数中,增加调用 hello()函数的语句,如图 5-16 所示。编译 TestJNI 项目,运行程序,会出现一个上述定义的"MessageBox",如图 5-17 所示。

```
*TestJNI.java Ⅹ
3  public class TestJNI {
4⊖     public static void main (String args[ ])
5      {
6      System.out.println("welcome to Java World! ");
7      hello("12345678");
8      }
```

图 5-16　增加调用 hello()函数的语句

图 5-17　Java 项目调用 DLL 文件中的 hello()函数

以上的程序效果表明:通过 JNI 技术,Java 项目可以调用 VS 环境下生成的 MFC DLL,并且显示一个 MFC 下的 MessageBox。

但以上程序也存在缺点:Java 项目的输入参数与 MFC DLL 项目的消息内容没有关系,即没有实现 Java 与 DLL 函数间的参数传递。

(5) 实现 Java 与 DLL 间的消息传递

在 DLL 项目的 testjni.cpp 中,采用下面的语句对 hello()函数进行修改。

```
JNIEXPORT void JNICALL Java_com_bigc_test_TestJNI_hello(JNIEnv * env,
jclass obj, jstring jMsg)
{
    const char * CMsg = env->GetStringUTFChars( jMsg, 0);
    MessageBox( GetActiveWindow(),_T(CMsg),_T("消息"),  MB_OK);
    env->ReleaseStringUTFChars( jMsg, CMsg);
}
```

具体的程序说明如下。

① 使用指令"env->GetStringUTFChars()",获取 Java 项目传递过来的参数 jMsg,它对应 Java 项目中调用 hello()函数时的第一个参数,参数类型为 String,在 VS 中对应的类型为 jString。

② 将 jMsg 转换为当前函数中的 CMsg,设置 MessageBox 的消息为 CMsg。

③ 程序结束前,使用指令"env->ReleaseStringUTFChar()"释放变量。

图 5-18　乱码

选择"生成→重新生成解决方案",会提示出错。

如果将"_T(CMsg)"修改为"(LPCWSTR)CMsg",可以成功生成 testjni. dll 文件,将 testjni. dll 文件复制到 Java 项目 TestJNI 的项目目录,替换已有文件。编译 TestJNI 项目,运行程序,MessageBox 中显示的消息为乱码,如图 5-18 所示。

为了解决这个问题,需要重新设置 DLL 项目的字符集。

右击"DLL 项目",选择"属性",在属性窗口中,选择"常规→字符集→使用多字节字符集",如图 5-19 所示。

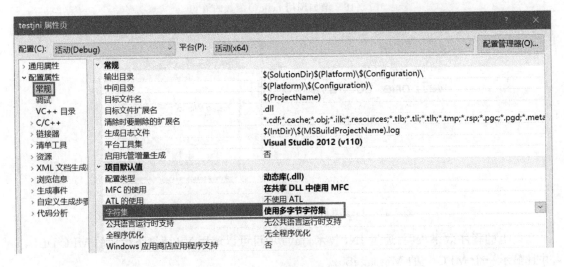

图 5-19　选择字符集

选择"生成→重新生成解决方案",可以成功生成 testjni. dll 文件,将 testjni. dll 文件复制到 Java 项目 TestJNI 的项目目录,替换已有文件。编译 TestJNI 项目,运行程序,MessageBox 中显示的消息内容与 Java 项目中调用 hello()函数输入的字符串一致,如图 5-20 所示。

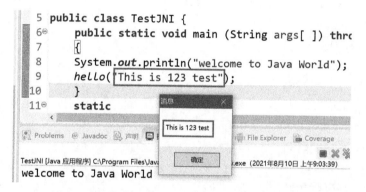

图 5-20　调用 hello()函数显示消息(一)

此时,若在 Java 项目中修改 hello()函数调用的字符串,则可以在 MessageBox 中显示对应的字符串,如图 5-21 所示。

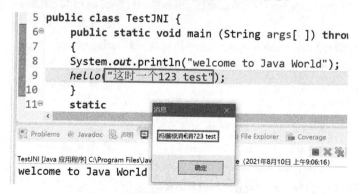

图 5-21　调用 hello()函数显示消息(二)

但若 hello()函数输入的字符串包含中文,则会显示为乱码,如图 5-22 所示。这是 Java程序中"中文显示为乱码"的问题,本书由于篇幅限制,不再讨论。

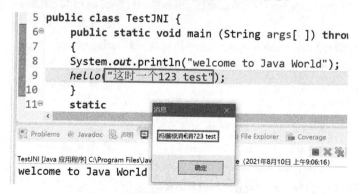

图 5-22　调用 hello()函数显示消息(三)

5.3 使用 JNI 技术实现 C 语言版的数字图像处理程序

1. 调用 JNI 函数的 Java 项目

（1）新建 Java 项目和主类

新建 Java 项目 JNIJava，新建主类 JNIFrame，包名为 com.bigc.jni。

（2）在 JNIFrame 类中实现 GUI 界面

在前面的 Java 程序中，只是采用命令行方式，没有 GUI 界面，所以界面非常不友好。在 JNIFrame 类中，将采用菜单方式实现 GUI 界面。

通过下面的语句可以实现 GUI 界面，此处省略相关 import 语句，如果出现环境不识别的类，按照开发环境提示导入（import）对应类即可。

```java
public class JNIFrame extends JFrame implements ActionListener {
    JMenuBar menuBar;//菜单条
    JMenu menu1;//菜单
    JMenuItem m11, m12, m13;//菜单项
    Font font1;
    int iw, ih;
    int screenw,screenh;
    int bsize = 128;                        //设置 128×128 块 DCT 变换
    int[] pixels;                           //正在处理的图像数据
    boolean IsPrecess = false;
    boolean loadflag  = false,
        runflag  = false;                   //图像处理执行标志
    public JNIFrame() {
        createMenu();
        setTitle("JNI 图像处理");            //设置窗口标题
        setSize(800, 600);                  //设置窗口大小
        Dimension size = Toolkit.getDefaultToolkit().getScreenSize();
                                            //取屏幕大小
        setLocation((size.width - getWidth()) / 2, (size.height - getHeight()) / 2);
        setDefaultCloseOperation(JFrame.DISPOSE_ON_CLOSE);
        setVisible(true);                   //使窗口可见
        }
    private void createMenu() {
        menuBar = new JMenuBar();           //新建菜单条
        menu1 = new JMenu("文件");
        m11 = new JMenuItem("文件打开");
        m12 = new JMenuItem("图像处理");
        m13 = new JMenuItem("退出(X)");
```

```
        menu1.add(m11);
        menu1.add(m12);
        menu1.addSeparator();              //分割线的意思
        menu1.add(m13);
        m11.addActionListener(this);
        m12.addActionListener(this);
        m13.addActionListener(this);
        menuBar.add(menu1);
        this.setJMenuBar(menuBar);
    }
    public void actionPerformed(ActionEvent e) {
    }
    public static void main(String args[]) {
        new JNIFrame();                    //建立窗口
    }
}
```

实现的 GUI 界面效果如图 5-23 所示，从图 5-23 中可以看到一个菜单，它包括 3 个菜单项。但是显示菜单的字体太小，此时，可以通过在 createMenu()函数中增加下面语句来增大菜单和菜单项的字体，实现效果如图 5-24 所示。

```
font1 = new Font("宋体", Font.BOLD, 25);
menu1.setFont(font1);
m11.setFont(font1);
m12.setFont(font1);
m13.setFont(font1);
```

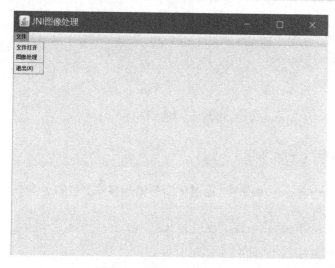

图 5-23　GUI 界面效果（一）

图 5-24　GUI 界面效果(二)

（3）增加"文件打开"菜单项的响应函数

以上程序只是实现了 GUI 界面,并没有菜单项的操作效果,下面需要针对菜单项增加响应函数。与 VS 不同,Java 中所有界面元素的响应函数都通过同一个函数 actionPerformed()实现,所以只能通过事件源的不同来区分不同界面元素的响应。

下面要针对菜单项"文件打开"增加响应函数,通过文件选择框选择图像文件,对图像文件进行解码,并且显示在 GUI 界面上。

这里需要图像基础操作的一些文件,本书借助文献[5]中的 common. java 类,即图像文件操作基础类,将其复制到当前项目包 com. bigc. jni 中,借助这个类完成图像的打开和显示,依次进行下面的操作。

① 在变量定义部分,增加下面的语句。

```
Image iImage, oImage;
BufferedImage bImage;
Common common;
```

② 在构造方法 JNIFrame()中,增加下面的语句。

```
common = new Common();
```

③ 在 actionPerformed()函数中,通过下面的语句实现文件打开和显示。

```
public void actionPerformed(ActionEvent e)
{    Graphics graph = getGraphics();
     if (e.getSource() == m11)
```

```
{    //文件选择对话框
     JFileChooser chooser = new JFileChooser();
     common.chooseFile(chooser, "d://", 0);//设置默认目录,过滤文件
     int r = chooser.showOpenDialog(null);
     MediaTracker tracker = new MediaTracker(this);
     if(r == JFileChooser.APPROVE_OPTION)
     {    String name = chooser.getSelectedFile().getAbsolutePath();
          //装载图像
          iImage = common.openImage(name,tracker);
          //取载入图像的宽和高
          iw = iImage.getWidth(null);
          ih = iImage.getHeight(null);
          pixels = common.grabber(iImage, iw, ih);
          graph.clearRect(0,60,screenw, screenh);
          graph.drawImage(iImage, 5, 90, null);
}    }    }
```

单击"文件→文件打开"菜单项,选择图像文件,并将其显示在界面上,如图 5-25 所示。

图 5-25　打开并显示图像的界面

（4）定义调用 JNI 的类

本书在 Java 中实现图像处理,通过 JNI 调用 VS 下编写的 C 语句程序,所以需要先定义调用 JNI 的类。在这个类中,通过下面的语句实现 DLL 文件的调用和库函数的声明。

```
public class ImgJNI {
    static {
        System.loadLibrary("testjni");
    }
    public static native void hello(String msg);
    public static native void SetData(int iw, int ih, int[] pixel);
    public ImgJNI(){ }
}
```

这里主要通过定义 SetData()函数实现对图像数据的处理。

进入"命令提示符"模式,在运行中输入"cmd",进入当前项目中 ImgJNI. java 文件所在的目录(当前项目目录\src\com\bigc\jni),使用下面的语句编译 ImgJNI. java,在同目录下生成 ImgJNI. class。

```
javacImgJNI.java
```

将新的 ImgJNI. class 复制到对应的 class 文件所在的目录(当前项目目录\bin\com\bigc\jni)。

在"命令提示符"窗口进入 bin 目录(当前项目目录\bin),使用下面的语句编译 class 文件,在 bin 目录下生成 com_bigc_jni_ImgJNI. h 文件。

```
javah - jni com. bigc. jni. ImgJNI
```

2. 实现 JNI 函数的 MFC DLL 项目

直接在 5. 2 节中的 DLL 项目 testjni 中进行修改,可省去很多项目设置的操作。

将新生成的 com_bigc_jni_ImgJNI. h 文件复制到当前 testjni 项目目录,并删除之前的 com_bigc_test_TestJNI. h 文件。

在 testjni 项目中,移除 com_bigc_test_TestJNI. h 文件,右击"项目",选择"添加→现有项",添加 com_bigc_jni_ImgJNI. h 文件。

在 testjni. cpp 中,将语句"#include "com_bigc_test_TestJNI. h""替换为"#include "com_bigc_jni_ImgJNI. h""。

在 testjni. cpp 中,增加下面的语句实现库函数 SetData()的定义。

```
JNIEXPORT void JNICALL Java_com_bigc_jni_ImgJNI_SetData(JNIEnv * env,
jclass obj, jint iw, jint ih, jintArray pixels)
    {    int i,j,r;
        int len = env -> GetArrayLength( pixels);
        jint * pDIB = env -> GetIntArrayElements( pixels, 0);
        for(i = ih * 3/4;i < ih;i + + )
        {    for(j = 0;j < iw/2;j + + )
```

```
{   r = 0;
    * (pDIB + i * iw + j) = 255 << 24|r << 16|r << 8|r;
}
for(j = iw/2;j < iw;j + +)
{   r = 255;
    * (pDIB + i * iw + j) = 255 << 24|r << 16|r << 8|r;
}
}
env - > ReleaseIntArrayElements( pixels, pDIB, 0);
}
```

具体的程序说明如下。

从 Java 传过来的图像数据是"iw * ih"的矩阵数据 pixels,而 Java 中的图像数据的每个像素点对应 32 位(4 个字节),在 C 语言中图像数据的每个像素点对应 24 位(3 个字节),所以传递过程需要进行转换。

SetData()函数的功能:对于图像的下四分之一部分,左半部分赋值为黑(0,0,0),右半部分赋值为白(255,255,255)。

选择"生成→重新生成解决方案",生成 testjni. dll 文件,将 testjni. dll 文件复制到 Java 项目 JNIJava 的项目目录。

3. Java 项目中调用 JNI 函数实现图像处理

在 Java 项目的 JNIFrame 类中,增加"图像处理"菜单项对应的响应函数,通过在 actionPerformed()函数中增加下面的语句可以实现。

```
else if (e.getSource() == m12)
{   //文件选择对话框
    JFileChooser chooser = new JFileChooser();
    common. chooseFile(chooser, "d://", 0);//设置默认目录,过滤文件
    int r = chooser. showOpenDialog(null);
    MediaTracker tracker = new MediaTracker(this);
    if(r == JFileChooser. APPROVE_OPTION)
    {   String name = chooser. getSelectedFile(). getAbsolutePath();
        //装载图像
        iImage = common. openImage(name,tracker);
        //取载入图像的宽和高
        iw = iImage. getWidth(null);
        ih = iImage. getHeight(null);
        pixels = common. grabber(iImage, iw, ih);
        ImgJNI imgjni = new ImgJNI();
        imgjni. SetData(iw, ih, pixels);
```

```
            ImageProducer ip = new MemoryImageSource(iw, ih, pixels, 0, iw);
            oImage = createImage(ip);
            graph.clearRect(0,60,screenw, screenh);
            graph.drawImage(oImage, 5, 90, null);
    }    }
```

具体的程序说明如下。

（1）对用户选择的图像文件，获取图像数据对象 iImage。

（2）获取图像的宽"iw"和高"ih"，获取图像数据对象 pixels。

（3）初始化 JNI 类对象 imgjni，调用 SetData()函数，完成对 pixels 的处理，这里的 pixels 是传递给 JNI 函数的数据开始地址，JNI 函数直接针对以 pixels 开始的数据进行处理。

（4）将处理后的图像数据，生成新的图像数据 oImage，并将其显示在界面上。

编译运行 Java，单击"文件→图像处理"菜单项，可实现对选择图像文件的处理和显示，如图 5-26 所示。

以上的程序效果表明：以 VS 环境中 C 语言实现图像处理程序为基础，通过 JNI 技术，Java 项目可以调用 VS 环境下生成的 MFC DLL，从而实现图像处理。

图 5-26　调用 JNI 实现图像处理

从以上图像的处理过程还可以看出，如果采用 Java 完成图像数据的编解码，通过 JNI 技术实现 C 语言版图像处理，那么由于 Java 和 C 语言中的图像数据格式有差别，因此需要较为复杂的转换过程，而且有些转换过程可能会造成数据的误差。

因此，使用 JNI 技术实现图像处理（包括后面的图像水印实现）比较简便的方法就是只传递输入文件和输出文件的完整目录和文件名，整个图像文件的处理过程包括打开、处理、保存，这些都放在 C 语言函数中实现。

5.4　使用 JNI 技术实现 C 语言版的数字图像水印算法

1. 调用 JNI 函数的 Java 项目

本部分内容以 5.3 节中的 JNIJava 项目为基础。

（1）在 JNIFrame 类中增加"图像水印"的菜单项

在 JNIFrame.java 中，增加"图像水印"菜单，包含"水印嵌入"和"水印提取"两个菜单项。

在变量定义部分，增加下面的语句。

```
JMenu menu2;//菜单 2
JMenuItem m21, m22;//菜单项
```

在 createMenu()函数中，增加下面的语句。

```
menu2 = new JMenu("图像水印");
m21 = new JMenuItem("水印嵌入");
m22 = new JMenuItem("水印提取");
menu2.add(m21);
menu2.add(m22);
menu2.setFont(font1);
m21.setFont(font1);
m22.setFont(font1);
m21.addActionListener(this);
m22.addActionListener(this);
menuBar.add(menu2);
```

编译运行 Java 程序，实现的 GUI 界面效果如图 5-27 所示，可以看到界面中增加了"图像水印"菜单，包括"水印嵌入"和"水印提取"两个菜单项。

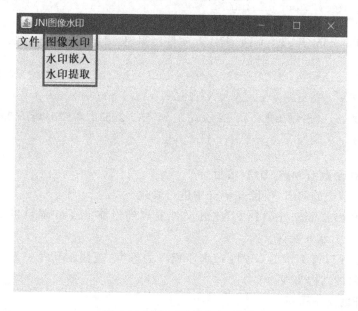

图 5-27　增加"图像水印"菜单

（2）增加 JNI 类中的函数声明

由 5.3 节的结尾部分可知，如果针对图像数据进行处理，会增加很多烦琐的图像数据转换过程。本节将以图像文件目录和文件名为传递参数，在 VS 中对图像文件整体完成水印处理，所以这里的水印嵌入和水印提取是指整体水印嵌入和整体水印提取，功能等同于第 4 章中的 OnBnClickedEmbedwmTotal() 函数和 OnBnClickedExtrawmTotal() 函数。

在 ImgJNI 类中，可用下面的语句实现整体水印嵌入和整体水印提取的函数声明。

```
public static native boolean EMBEDWMTOTAL(String srcfile, String outwmfile,
int wmlen, byte[] bt);
    public static native String EXTRAWMTOTAL(String srcfile, int wmlen);
```

EMBEDWMTOTAL() 函数的参数说明："String srcfile"表示水印载体的文件路径名（包含目录）；"String outwmfile"表示生成嵌入水印的文件路径名（包含目录）；"int wmlen"表示嵌入水印的长度；"byte[] bt"表示水印数据。

EXTRAWMTOTAL() 函数的参数说明："String srcfile"表示待提取水印的文件路径名（包含目录）；"int wmlen"表示提取水印的长度。

在 Eclipse 中，对 JNIJava 项目进行编译，在对应输出目录下（当前项目目录\bin\com\bigc\jni）可以生成新的 ImgJNI. class。

与前面不同的是，因为项目已经有了 testjni. dll 文件，所以可以使用 Eclipse 生成. class文件。

在"命令提示符"窗口进入 bin 目录（当前项目目录\bin），使用下面的语句编译 class 文件，在 bin 目录下生成新的 com_bigc_jni_ImgJNI. h 文件。

```
javah – jni com. bigc. jni. ImgJNI
```

通过观察新的 com_bigc_jni_ImgJNI. h 文件可知，它增加了两个库函数的声明部分。

```
JNIEXPORT jboolean JNICALL Java_com_bigc_jni_ImgJNI_EMBEDWMTOTAL
    (JNIEnv *, jclass, jstring, jstring, jint, jbyteArray);
JNIEXPORT jstring JNICALL Java_com_bigc_jni_ImgJNI_EXTRAWMTOTAL
    (JNIEnv *, jclass, jstring, jint);
```

2. 实现 JNI 函数的 MFC DLL 项目

直接在 5.3 节中的 DLL 项目 testjni 中进行修改。

将新生成的 com_bigc_jni_ImgJNI. h 文件复制到当前 testjni 项目目录，替换之前的com_bigc_jni_ImgJNI. h 文件。

这部分的程序以第 4 章的 MyTest 水印程序为参考，主要语句是一致的，只是要按照DLL 项目和函数的结构实现。

（1）增加辅助支持程序

为实现水印嵌入和水印提取两个库函数，需要在 testjni. cpp 中先增加辅助支持程序。

① 添加子函数

在实现水印嵌入和水印提取过程中,需要用到很多子函数,这里需要在 testjni.cpp 开头先对各个子函数进行声明,然后再增加子函数的定义部分。

下面是子函数的声明部分,子函数的定义部分太长,此处不再列出。

```
BOOL    Fourier(complex < double > * TD, complex < double > * FDSHIFT, LONG
lWidth, LONG lHeight);
void    FftInit(LONG lWidth, LONG lHeight);
BOOL    FftAbs(complex < double > * FDSHIFT, LPSTR pDIB, LONG lWidth, LONG
lHeight,int parabili);
BOOL    IFFT_2D(complex < double >  * pCFData,complex < double > * pCTData,int
nWidth,int nHeight);
BOOL    EmbedWm(complex < double > * FDSHIFT,BOOL    * WMsrc,LONG fftw, LONG
ffth,int WMlength);
void    Bytes2Bits(unsigned char * inBytes, BOOL * outBits, int nLen);
BOOL    ExtraWm(complex< double > * FDSHIFT,BOOL    * WMextra,LONG fftw, LONG
ffth,int WMlength);
void    Bits2Bytes(BOOL * inBits, unsigned char * outBytes, int nLen);
void FFT(complex< double > * TD, complex< double > * FD, int r);
void IFFT(complex< double > * FD, complex< double > * TD, int r);
```

② 添加全局变量

因为不同函数调用时,会用到一些全局变量,所以需要添加全局变量。下面的语句可以实现增加全局变量。

```
LPSTR pDIB;
complex< double > * TD;                //傅里叶变换前的时域的频谱
complex< double > * FDSHIFT;           //傅里叶变换后的频谱
LONGfftw;
LONGffth;
int fftstartx,fftstarty;               //表示 FFT 区域的起始点
int wp,hp;
```

③ 复数的支持

下面的语句可以使程序支持复数 complex,注意第二句千万不能省略。

```
# include < complex >
using namespace std;
```

④ define 语句

```
# define PI 3.1415926535
# define WIDTHBYTES(bits)      (((bits) + 31) / 32 * 4)
```

（2）水印嵌入函数

水印嵌入函数 Java_com_bigc_jni_ImgJNI_EMBEDWMTOTAL 的实现，主要以第 4 章 MyTest 项目中的 OnBnClickedOpenFile()和 OnBnClickedEmbedwmTotal()为基础，同时结合 DLL 实现的需要进行适当增减。由于水印嵌入函数的语句太多，下面只列出主要的程序结构和语句，部分语句用文字描述代替。

```
JNIEXPORT jboolean JNICALL Java_com_bigc_jni_ImgJNI_EMBEDWMTOTAL (JNIEnv *
env, jclass obj, jstring infile, jstring outfile,jint wmlen,jbyteArray bt)
{       //参数传入
    const char * srcfile = env->GetStringUTFChars( infile, 0);
    const char * outwmfile = env->GetStringUTFChars( outfile, 0);
    jbyte * wmbyte = env->GetByteArrayElements(bt, 0);
    //变量的定义
    CFile File;
    BITMAPFILEHEADER bmfHeader;              //原文件的文件头
    BITMAPINFOHEADER bmiHeader;              //原文件的信息头
    BITMAPINFOHEADER bmiHeadernew;           //原文件的信息头
    CString pathname;
    LPSTR poDIB;                            //用于显示的数据
    LPSTR QuadDIB;                          //调色板数据
    int widthstep,widthstep2;
    long width,height;                      //表示图像原始大小
    int numQuad;                            //存储调色板的数目
    int WMlength;                           //表示嵌入水印内容的长度
    BOOL  WMsrc[32*8];                      //用户输入的字符串,bit 型
    //1.图像文件打开部分,这部分省略
    ··················································
    //2.FFT2 得到频域数据 FDSHIFT
    FftInit(width, height);
    Fourier(TD,FDSHIFT, width, height);      //FFT2
    //3.嵌入水印,得到频域数据仍为 FDSHIFT
    if(wmlen==0)
    {   MessageBox( GetActiveWindow(),_T("not input watermark"),_T("消息"),
        MB_OK);
        return 0;
    }
    WMlength = wmlen*8;
    //byte 与 bit 间转换
    Bytes2Bits((unsigned char *)wmbyte, WMsrc, WMlength/8);
```

```
EmbedWm(FDSHIFT,WMsrc,fftw,ffth,WMlength);
//4.IFFT2 得到空域数据 pDIB
IFFT_2D(FDSHIFT, TD,width,height);
FftAbs(TD,pDIB,width,height,1);                    //获取频谱
//5.保存嵌入后的水印图像,这部分省略
..........................................................
delete []pDIB;
delete []poDIB;
delete []QuadDIB;
//参数释放
env->ReleaseStringUTFChars( infile, srcfile);
env->ReleaseStringUTFChars( outfile, outwmfile);
env->ReleaseByteArrayElements( bt, wmbyte, 0);
return 1;
}
```

(3) 水印提取函数

水印提取函数 Java_com_bigc_jni_ImgJNI_EXTRAWMTOTAL 的实现主要以第 4 章 MyTest 项目中的 OnBnClickedOpenFile()和 OnBnClickedExtrawmTotal()为基础,同时结合 DLL 实现的需要进行适当增减。由于水印提取函数的语句太多,下面只列出主要的程序结构和语句,部分语句用文字描述代替。

```
JNIEXPORT jstring JNICALL Java_com_bigc_jni_ImgJNI_EXTRAWMTOTAL (JNIEnv *
env, jclass obj, jstring infile, jint wmlen)
{    //参数传入
const char * srcfile = env->GetStringUTFChars( infile, 0);
//变量定义
CFile File;
BITMAPFILEHEADER bmfHeader;                    //原文件的文件头
BITMAPINFOHEADER bmiHeader;                    //原文件的信息头
BITMAPINFOHEADER bmiHeadernew;                 //原文件的信息头
CString pathname;
LPSTR poDIB;                                   //用于显示的数据
LPSTR QuadDIB;                                 //调色板数据
int widthstep,widthstep2;
long width,height;                             //表示图像原始大小
int numQuad;                                   //存储调色板的数目
BOOL   WMextra[32 * 8];                        //提取的水印字符串,bit 型
BYTE   outbyte[32];                            //提取的水印字符串,字节类型
```

139

```
            //进行傅里叶变换的宽度和高度(2的整数次方)
            int WMlength;                          //表示嵌入水印内容的长度
            //1.图像文件打开部分,这部分省略
            ●●●●●●●●●●●●●●●●●●●●●●●●●●●●●●●●●●●●●●●●●●●●●●●●
            //2.FFT2得到频域数据 FDSHIFT
            FftInit(width, height);
            Fourier(TD,FDSHIFT, width, height);    //FFT2
            //2.提取水印内容
            WMlength = wmlen * 8;
            ExtraWm(FDSHIFT,WMextra,fftw,ffth, WMlength);
            Bits2Bytes(WMextra, outbyte, WMlength);
            outbyte[wmlen] = 0;
            delete []pDIB;
            delete []poDIB;
            delete []QuadDIB;
            delete []TD;
            delete []FDSHIFT;
            //释放参数
            env -> ReleaseStringUTFChars( infile, srcfile);
            return env -> NewStringUTF((char * )outbyte);
}
```

3. Java 项目中调用 JNI 函数实现图像水印

(1) 水印嵌入

在对应 JNIFrame 类中的 actionPerformed()函数中,增加"水印嵌入"菜单项对应的响应函数,可以通过下面的语句实现。

```
else if (e.getSource() == m21)
{     //文件选择对话框
      JFileChooser chooser = new JFileChooser();
      common.chooseFile(chooser, "d://", 0);//设置默认目录,过滤文件
      int r = chooser.showOpenDialog(null);
      MediaTracker tracker = new MediaTracker(this);
      if(r == JFileChooser. APPROVE_OPTION)
      {    String name = chooser.getSelectedFile().getAbsolutePath();
           int wmlength;
           String wmsrc = "12345678";
           byte[]bytesrc = null;
           try {
```

```
            bytesrc = wmsrc.getBytes("GB2312");
        } catch (UnsupportedEncodingException e2) {
            // TODO Auto – generated catch block
            e2.printStackTrace();
        }

        wmlength = bytesrc.length;
```

```
        ImgJNI imgjni = new ImgJNI();
boolean n = imgjni.EMBEDWMTOTAL(name, "d:/newwm.bmp",wmlength,bytesrc);
```

```
        if(n == true)
            JOptionPane.showMessageDialog(null, "嵌入水印成功", "水印嵌入", 0);
        else
            JOptionPane.showMessageDialog(null, "嵌入水印失败", "水印嵌入", 0);
    }    }
```

具体的程序说明如下。

以上框内程序的核心是定义 JNI 类对象,调用水印嵌入函数实现水印嵌入。当前的水印值是在 Java 程序中手动输入的,当前为"12345678"。

编译运行 Java 程序,选择"图像水印→水印嵌入",在出现的文件选择框中选择载体图像,嵌入水印,注意载体图像只能是 BMP 文件,嵌入水印后生成的图像文件为"d:/newwm.bmp"。操作过程如图 5-28 和图 5-29 所示。

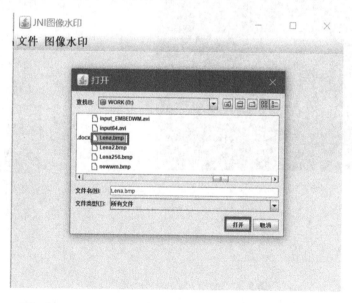

图 5-28 选择载体图像

对于嵌入水印后的文件"d:/newwm.bmp",可以使用第 4 章的 MyTest.exe 对其进行水印的提取,从而验证水印嵌入的正确性,如图 5-30 所示。

图 5-29　嵌入成功提示

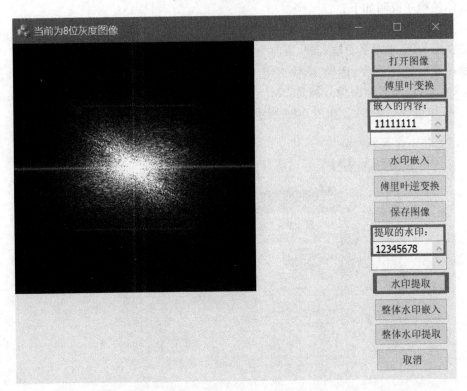

图 5-30　使用 MyTest.exe 提取水印

打开嵌入水印后的图像"d:/newwm.bmp",单击"傅里叶变换"按钮,在"嵌入的内容"编辑框中任意输入 8 个字符,如"11111111"。单击"水印提取"按钮,可提取水印,并且显示在"提取的水印"编辑框中,提取的内容为"12345678"。提取结果与嵌入内容完全一样,提取正确。

142

（2）水印提取

在对应 JNIFrame 类中的 actionPerformed()函数中，增加"水印提取"菜单项对应的响应函数，可以通过下面的语句实现。

```
else if (e.getSource() == m22)
{    //文件选择对话框
    JFileChooser chooser = new JFileChooser();
    common.chooseFile(chooser, "d://", 0);//设置默认目录,过滤文件
    int r = chooser.showOpenDialog(null);
    MediaTracker tracker = new MediaTracker(this);
    if(r == JFileChooser.APPROVE_OPTION)
    {    String name = chooser.getSelectedFile().getAbsolutePath();
         String wmdst;

         ImgJNI imgjni = new ImgJNI();
         wmdst = imgjni.EXTRAWMTOTAL(name, 8);

         JOptionPane.showMessageDialog(null, "提取水印信息:" + wmdst, "水印
         提取", 0);
    }  }
```

具体的程序说明如下。

以上框内程序的核心是定义 JNI 类对象，调用水印提取函数实现水印提取。当前的水印提取长度为 8，与嵌入水印一致。

编译运行 Java 程序，选择"图像水印→水印提取"，在出现的文件选择框中选择嵌入水印后的图像，提取水印。提取水印的结果如图 5-31 所示，提取的内容为"12345678"，提取结果与嵌入内容完全一样，提取正确。

图 5-31　提取水印的结果

从图 5-28、图 5-29、图 5-31 可以看出：文件选择框和消息框的字体太小，操作不方便，需要对它们的字体进行调整。

（3）调整消息框和文件选择框的字体

① 调整消息框的字体

在 Java 项目 JNIFrame 类的构造方法中，可以通过增加下面的语句来调整消息框的字体。

```
//设置按钮显示效果
UIManager.put("OptionPane.buttonFont", new FontUIResource(new Font("宋体",
Font.BOLD, 25)));
//设置文本显示效果
UIManager.put("OptionPane.messageFont", new FontUIResource(new Font("宋
体", Font.BOLD, 25)));
```

具体的程序说明如下。

这里使用 UIManager 类来设置消息框的按钮字体和消息字体，把它们统一设置为宋体、粗体、25 号。

编译并运行程序，对嵌入水印后的图像提取水印，效果如图 5-32 所示，可以看出消息框的按钮字体和消息字体明显变大了。

图 5-32　调整消息框字体后的效果

② 调整文件选择框的字体

在 Java 项目 JNIFrame 类的构造方法中，可以通过增加下面的语句来调整文件选择框的字体。

```
        UIManager. setLookAndFeel ( " com. sun. java. swing. plaf. windows.
WindowsLookAndFeel");
```

但是 Eclipse 提示要使用"try multi-catch 结构包围",故以上程序变为了下面的语句。

```
    try {
        UIManager. setLookAndFeel ( " com. sun. java. swing. plaf. windows.
WindowsLookAndFeel");
        } catch ( ClassNotFoundException | InstantiationException |
IllegalAccessException| UnsupportedLookAndFeelException e) {
        // TODO 自动生成的 catch 块
        e.printStackTrace();  }
```

具体的程序说明如下。

这里使用 UIManager 类来更改文件选择框的风格。

编译并运行程序,选择"图像水印→嵌入水印",出现"文件选择框",效果如图 5-33 所示,可以看出文件选择框的字体明显变大了。

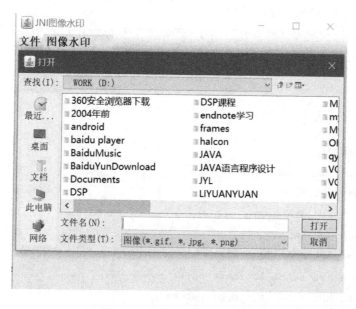

图 5-33   调整后的文件选择框

以上内容实现基于 JNI 技术的 C 语言版数字图像水印算法程序,以第 4 章中 C 语言实现的水印程序为基础,通过 JNI 技术,将其编译为 Java 项目中可以调用的 DLL 文件,从而实现基于 Java 环境下的数字图像水印程序。

5.5   JNI 实现数字图像水印算法的主要程序

5.2~5.4 节共讲了三部分 JNI 实现,其中 5.4 节的内容最重要,包括 Java 项目和

MFC DLL 项目。下面是 4 个主要程序文件。

- Java 项目的 JNI 类 ImgJNI.java。

- Java 项目的主类 JNIFrame.java。

- MFC DLL 项目中 JNI 库函数的头文件 com_bigc_jni_ImgJNI.h。

- MFC DLL 项目中实现 JNI 库函数的源文件 testjni.cpp。

（1）Java 项目的 JNI 类 ImgJNI.java

```
package com.bigc.jni;
public class ImgJNI {
    static {
        System.loadLibrary("testjni");
    }
    public static native void hello(String msg);
    public static native void SetData(int iw, int ih, int[] pixel);
    public static native boolean EMBEDWMTOTAL(String srcfile, String
outwmfile,int wmlen,byte[] bt);
    public static native String EXTRAWMTOTAL(String srcfile, int wmlen);
    public ImgJNI(){ }
}
```

（2）Java 项目的主类 JNIFrame.java

```
package com.bigc.jni;
import java.awt.Dimension;
import java.awt.Font;
import java.awt.Graphics;
import java.awt.Image;
import java.awt.MediaTracker;
import java.awt.event.ActionEvent;
import java.awt.event.ActionListener;
import java.awt.image.BufferedImage;
import java.awt.image.ImageProducer;
import java.awt.image.MemoryImageSource;
import java.io.UnsupportedEncodingException;
import javax.swing.JFileChooser;
import javax.swing.JFrame;
import javax.swing.JMenu;
```

```java
import javax.swing.JMenuBar;
import javax.swing.JMenuItem;
import javax.swing.JOptionPane;
import javax.swing.UIManager;
import javax.swing.UnsupportedLookAndFeelException;
import javax.swing.plaf.FontUIResource;
import java.awt.Toolkit;

public class JNIFrame extends JFrame implements ActionListener
{
    JMenuBar menuBar;//菜单条
    JMenu menu1;//菜单
    JMenuItem m11, m12, m13;//菜单项
    JMenu menu2;//菜单 2
    JMenuItem m21, m22;//菜单项
    Font font1;
    int iw, ih;
    int screenw,screenh;
    int bsize = 128;                    //设置 128×128 块 DCT 变换
    int[] pixels;                       //正在处理的图像数据
    boolean IsPrecess = false;
    boolean loadflag  = false,
            runflag   = false;          //图像处理执行标志
    Image iImage, oImage;
    BufferedImage bImage;
    Common common;

    public JNIFrame() {
        createMenu();
        setTitle("JNI 图像水印");          //设置窗口标题
        setSize(800, 650);               //设置窗口大小
        Dimension size = Toolkit.getDefaultToolkit().getScreenSize();
                                         //取屏幕大小
        setLocation((size.width - getWidth()) / 2, (size.height - getHeight()) / 2);
        setDefaultCloseOperation(JFrame.DISPOSE_ON_CLOSE); //设置关闭
        setVisible(true);                //使窗口可见
        common = new Common();
        //设置按钮显示效果
        UIManager.put("OptionPane.buttonFont", new FontUIResource(new Font
        ("宋体", Font.BOLD, 25)));
```

```
    // 设置文本显示效果
    UIManager.put("OptionPane.messageFont", new FontUIResource(new Font
    ("宋体", Font.BOLD, 25)));
try {
    UIManager.setLookAndFeel ( " com. sun. java. swing. plaf. windows.
    WindowsLookAndFeel");
    } catch ( ClassNotFoundException  | InstantiationException  |
    IllegalAccessException | UnsupportedLookAndFeelException e) {
    // TODO 自动生成的 catch 块
    e.printStackTrace();
    }
}

private void createMenu() {
    menuBar = new JMenuBar();              //新建菜单条
    menu1 = new JMenu("文件");
    m11 = new JMenuItem("文件打开");
    m12 = new JMenuItem("图像处理");
    m13 = new JMenuItem("退出(X)");
    menu1.add(m11);
    menu1.add(m12);
    menu1.addSeparator();                  //分割线的意思
    menu1.add(m13);
    font1 = new Font("宋体", Font.BOLD,25);
    menu1.setFont(font1);
    m11.setFont(font1);
    m12.setFont(font1);
    m13.setFont(font1);
    m11.addActionListener(this);
    m12.addActionListener(this);
    m13.addActionListener(this);
    menuBar.add(menu1);
    menu2 = new JMenu("图像水印");
    m21 = new JMenuItem("水印嵌入");
    m22 = new JMenuItem("水印提取");
    menu2.add(m21);
    menu2.add(m22);
    menu2.setFont(font1);
    m21.setFont(font1);
    m22.setFont(font1);
```

148

```java
        m21.addActionListener(this);
        m22.addActionListener(this);
        menuBar.add(menu2);
        this.setJMenuBar(menuBar);
}


public void actionPerformed(ActionEvent e) {
    Graphics graph = getGraphics();

        if (e.getSource() == m11)                    //文件打开
        {
            //文件选择对话框
            JFileChooser chooser = new JFileChooser();
            common.chooseFile(chooser, "d://", 0);//设置默认目录,过滤文件
            int r = chooser.showOpenDialog(null);
            MediaTracker tracker = new MediaTracker(this);
            if(r == JFileChooser.APPROVE_OPTION)
            {
                String name = chooser.getSelectedFile().getAbsolutePath();
                //装载图像
                iImage = common.openImage(name,tracker);
                //取载入图像的宽和高
                iw = iImage.getWidth(null);
                ih = iImage.getHeight(null);
                pixels = common.grabber(iImage, iw, ih);
                graph.clearRect(0,60,screenw, screenh);
                graph.drawImage(iImage, 5, 90, null);
                loadflag = true;
                IsPrecess = false;
            }
        }
        else if (e.getSource() == m12)               //图像处理
        {
            //文件选择对话框
            JFileChooser chooser = new JFileChooser();
            common.chooseFile(chooser, "d://", 0);//设置默认目录,过滤文件
            int r = chooser.showOpenDialog(null);
            MediaTracker tracker = new MediaTracker(this);
```

149

```
        if(runflag)
        {
            loadflag = false;
            runflag  = false;
        }
        if(r == JFileChooser.APPROVE_OPTION)
        {
            String name = chooser.getSelectedFile().getAbsolutePath();
            if(!loadflag)
            {
                //装载图像
                iImage = common.openImage(name,tracker);
                //取载入图像的宽和高
                iw = iImage.getWidth(null);
                ih = iImage.getHeight(null);
                pixels = common.grabber(iImage, iw, ih);
                ImgJNI imgjni = new ImgJNI();
                imgjni.SetData(iw, ih, pixels);
            ImageProducer ip = new MemoryImageSource(iw, ih, pixels, 0, iw);
                oImage = createImage(ip);
                graph.clearRect(0,60,screenw, screenh);
                graph.drawImage(oImage, 5, 90, null);
                loadflag = true;
                IsPrecess = false;
            }
        }
    }
    else if (e.getSource() == m21)          //水印嵌入
    {
        //文件选择对话框
        JFileChooser chooser = new JFileChooser();
        common.chooseFile(chooser, "d://", 0);//设置默认目录,过滤文件
        int r = chooser.showOpenDialog(null);
        MediaTracker tracker = new MediaTracker(this);
        if(r == JFileChooser.APPROVE_OPTION)
        {
            String name = chooser.getSelectedFile().getAbsolutePath();
            int wmlength;
```

```java
            String wmsrc = "12345678";
            byte[]bytesrc = null;
            try {
                bytesrc = wmsrc.getBytes("GB2312");
            } catch (UnsupportedEncodingException e2) {
                // TODO Auto-generated catch block
                e2.printStackTrace();
            }
            wmlength = bytesrc.length;
            //采用 GB2312 格式的 byte 数组和长度,进行水印嵌入
            ImgJNI imgjni = new ImgJNI();
            boolean n = imgjni.EMBEDWMTOTAL(name, "d:/newwm.bmp", wmlength,
                    bytesrc);
            if(n == true)
JOptionPane.showMessageDialog(null, "嵌入水印成功", "水印嵌入", 0);
            else
JOptionPane.showMessageDialog(null, "嵌入水印失败", "水印嵌入", 0);
        }
    }
    else if (e.getSource() == m22)          //水印提取
    {
        //文件选择对话框
        JFileChooser chooser = new JFileChooser();
        common.chooseFile(chooser, "d://", 0);//设置默认目录,过滤文件
        int r = chooser.showOpenDialog(null);
        MediaTracker tracker = new MediaTracker(this);
        if(r == JFileChooser.APPROVE_OPTION)
        {
            String name = chooser.getSelectedFile().getAbsolutePath();
            String wmdst;
            ImgJNI imgjni = new ImgJNI();
            wmdst = imgjni.EXTRAWMTOTAL(name, 8);
            JOptionPane.showMessageDialog(null, "提取水印信息:" +
            wmdst, "水印提取", 0);
        }
    }
}
public static void main(String args[]) {
```

```
        new JNIFrame();//建立窗口
    }
}
```

（3）MFC DLL 项目中 JNI 库函数的头文件 com_bigc_jni_ImgJNI. h

```
#ifndef _Included_com_bigc_jni_ImgJNI
#define _Included_com_bigc_jni_ImgJNI
#ifdef __cplusplus
extern "C" {
#endif
/*
 * Class:    com_bigc_jni_ImgJNI
 * Method:   hello
 * Signature: (Ljava/lang/String;)V
 */
JNIEXPORT void JNICALL Java_com_bigc_jni_ImgJNI_hello
  (JNIEnv *, jclass, jstring);
/*
 * Class:    com_bigc_jni_ImgJNI
 * Method:   SetData
 * Signature: (II[I)V
 */
JNIEXPORT void JNICALL Java_com_bigc_jni_ImgJNI_SetData
  (JNIEnv *, jclass, jint, jint, jintArray);
/*
 * Class:    com_bigc_jni_ImgJNI
 * Method:   EMBEDWMTOTAL
 * Signature: (Ljava/lang/String;Ljava/lang/String;I[B)Z
 */
JNIEXPORT jboolean JNICALL Java_com_bigc_jni_ImgJNI_EMBEDWMTOTAL
  (JNIEnv *, jclass, jstring, jstring, jint, jbyteArray);
/*
 * Class:    com_bigc_jni_ImgJNI
 * Method:   EXTRAWMTOTAL
 * Signature: (Ljava/lang/String;I)Ljava/lang/String;
 */
JNIEXPORT jstring JNICALL Java_com_bigc_jni_ImgJNI_EXTRAWMTOTAL
```

```
          (JNIEnv * , jclass, jstring, jint);

     #ifdef __cplusplus
     }
     #endif
     #endif
```

(4) MFC DLL 项目中实现 JNI 库函数的源文件 testjni.cpp

因文件过长,所以这里只列出了 JNI 库函数的定义和子函数声明,省略子函数定义部分。

```
     #include "stdafx.h"
     #include "testjni.h"
     #include "com_bigc_jni_ImgJNI.h"
     //常数 π
     #define PI 3.1415926535
     #include <complex>
     using namespace std;
     #ifdef _DEBUG
     #define new DEBUG_NEW
     #endif
     #define WIDTHBYTES(bits)    (((bits) + 31) / 32 * 4)


     //下面是程序相关的公共变量
     LPSTR pDIB;
     complex<double> * TD;        //傅里叶变换前的时域的频谱,实部为时域值,虚部为 0
     complex<double> * FDSHIFT;   //傅里叶变换后的频谱,平移后的频谱
     LONGfftw;
     LONGffth;
     int fftstartx,fftstarty;     //表示 FFT 区域的起始点
     int wp,hp;


     //子函数的声明部分
     BOOL   Fourier(complex<double> * TD, complex<double> * FDSHIFT, LONG
     lWidth, LONG lHeight);
       void   FftInit(LONG lWidth, LONG lHeight);
       BOOL   FftAbs(complex<double> * FDSHIFT, LPSTR pDIB, LONG lWidth, LONG
     lHeight,int parabili);
```

```
    BOOL  IFFT_2D(complex<double> * pCFData,complex<double> * pCTData,int
nWidth,int nHeight);
    BOOL  EmbedWm(complex<double> * FDSHIFT,BOOL  * WMsrc,LONG fftw, LONG
ffth,int WMlength);
    void  Bytes2Bits(unsigned char * inBytes, BOOL * outBits, int nLen);
    BOOL  ExtraWm(complex<double> * FDSHIFT,BOOL  * WMextra,LONG fftw, LONG
ffth,int WMlength);
    void  Bits2Bytes(BOOL * inBits, unsigned char * outBytes, int nLen);
    void FFT(complex<double> * TD, complex<double> * FD, int r);
    void IFFT(complex<double> * FD, complex<double> * TD, int r);


    //下面是各JNI库函数的实现
    //hello库函数实现
    JNIEXPORT void JNICALL Java_com_bigc_jni_ImgJNI_hello(JNIEnv * env, jclass
obj, jstring jMsg)
    {
        const char * CMsg = env->GetStringUTFChars( jMsg, 0);
        MessageBox( GetActiveWindow(),_T(CMsg),_T("消息"),  MB_OK);
        //MessageBox( GetActiveWindow(),_T("这是一个消息"),_T("消息"),  MB_OK);
        env->ReleaseStringUTFChars( jMsg, CMsg);
    }


    //SetData库函数实现
    JNIEXPORT void JNICALL Java_com_bigc_jni_ImgJNI_SetData(JNIEnv * env,
jclass obj, jint iw, jint ih, jintArray pixels)
    {
        int i,j,r;
        int len = env->GetArrayLength( pixels);
        jint * pDIB = env->GetIntArrayElements( pixels, 0);
        for(i = ih * 3/4;i < ih;i ++ )
        {
            for(j = 0;j < iw/2;j ++ )
            {
                r = 0;
                * (pDIB + i * iw + j) = 255 << 24|r << 16|r << 8|r;
            }
            for(j = iw/2;j < iw;j ++ )
```

```
        {
            r = 255;
            * (pDIB + i * iw + j) = 255 << 24 | r << 16 | r << 8 | r;
        }
    }
    env -> ReleaseIntArrayElements( pixels, pDIB, 0);
}


// EMBEDWMTOTAL 库函数实现
JNIEXPORT jboolean JNICALL Java_com_bigc_jni_ImgJNI_EMBEDWMTOTAL (JNIEnv *
env, jclass obj, jstring infile, jstring outfile, jint wmlen, jbyteArray bt)
{
    const char * srcfile = env -> GetStringUTFChars( infile, 0);
    const char * outwmfile = env -> GetStringUTFChars( outfile, 0);
    //修改
    jbyte * wmbyte = env -> GetByteArrayElements(bt, 0);
    CFile File;
    BITMAPFILEHEADER bmfHeader;              //原文件的文件头
    BITMAPINFOHEADER bmiHeader;              //原文件的信息头
    BITMAPINFOHEADER bmiHeadernew;           //原文件的信息头
    CString pathname;
    LPSTR poDIB;                             //用于显示的数据
    LPSTR QuadDIB;                           //调色板数据
    int widthstep, widthstep2;
    long width, height;                      //表示图像原始大小
    int numQuad;                             //存储调色板的数目
    //进行傅里叶变换的宽度和高度(2 的整数次方)
    int WMlength;                            //表示嵌入水印内容的长度
    BOOL   WMsrc[32 * 8];                    //用户输入的字符串,bit 型

    //1. open img
    if(! File. Open(srcfile, CFile::modeRead))
    {
        MessageBox( GetActiveWindow(), _T("open file failed"), _T("消息"),  MB_OK);
        return 0;
    }
    if(File. Read((LPSTR)&bmfHeader, sizeof(bmfHeader)) ! = sizeof(bmfHeader))
    {
```

```
        MessageBox( GetActiveWindow(),_T("open bmfHeader failed"),_T("消
            息"),  MB_OK);
        return 0;
}
if(bmfHeader.bfType! = 19778)
{
        MessageBox( GetActiveWindow(),_T("not bmp file"),_T("消息"),  MB_OK);
        return 0;
}
//获取文件信息头
 if (File. Read ((LPSTR) &bmiHeader, sizeof (bmiHeader))! = sizeof
    (bmiHeader))
{
        MessageBox( GetActiveWindow(),_T("open bmiHeader failed"),_T("消
                息"),  MB_OK);
        return 0;
}
//注意:无论是 24 位还是 8 位图像都采用 3×w×h 的大小分配内存
width = bmiHeader.biWidth;
height = bmiHeader.biHeight;
bmiHeadernew = bmiHeader;
widthstep = width;
if(widthstep % 4)
    widthstep = widthstep + (4 - widthstep % 4);
widthstep2 = 3 * width;
if(widthstep2 % 4)
    widthstep2 = widthstep2 + (4 - widthstep2 % 4);

poDIB = new char[widthstep2 * height];          //存储原始文件的数据
pDIB = new char[widthstep2 * height];           //存储处理的图像数据
numQuad = 256;
QuadDIB = new char[4 * numQuad];                //调色板数据
if((pDIB = = NULL)||(poDIB = = NULL))
{
        MessageBox( GetActiveWindow(),_T("分配内存出错"),_T("消息"),  MB_OK);
        return 0;
}
//对 24 位和 8 位图像进行区分处理
```

```
    if(bmiHeader.biBitCount == 24)
    {
        if(File.Read(poDIB,3 * width * height)! = 3 * width * height)
        {
            MessageBox( GetActiveWindow(),_T("read 24 data failed"),_T("消
               息"),  MB_OK);
            return 0;
        }
        File.Close();
        memcpy(pDIB,poDIB,widthstep2 * height);
    }
    else if(bmiHeader.biBitCount == 8)
    {
        //读取调色板
        if(File.Read(QuadDIB,4 * numQuad)! = 4 * numQuad)
        {
            MessageBox( GetActiveWindow(),_T("read numQuad failed"),_T("消
               息"),  MB_OK);
            return 0;
        }
        if(File.Read(poDIB,width * height)! = width * height)
        {
            MessageBox( GetActiveWindow(),_T("read 8 data failed"),_T("消
               息"),  MB_OK);
            return 0;
        }
        File.Close();
        memcpy(pDIB,poDIB,widthstep * height);
    }
    else
    {
        MessageBox( GetActiveWindow(),_T("not support bmp"),_T("消息"),  MB_OK);
        return 0;
    }


    //2.FFT2 得到频域数据 FDSHIFT
    FftInit(width, height);
    Fourier(TD,FDSHIFT, width, height);    //FFT2
    //3.嵌入水印,得到频域数据仍为 FDSHIFT
    if(wmlen == 0)
```

```
{
    MessageBox( GetActiveWindow(),_T("not input watermark"),_T("消
            息"),  MB_OK);
    return 0;
}
WMlength = wmlen * 8;
//byte 与 bit 间转换
Bytes2Bits((unsigned char * )wmbyte, WMsrc, WMlength/8);
EmbedWm(FDSHIFT,WMsrc,fftw,ffth,WMlength);
//4.IFFT2 得到空域数据 pDIB
IFFT_2D(FDSHIFT, TD,width,height);
FftAbs(TD,pDIB,width,height,1);    //获取频谱


//5.保存嵌入后的水印图像
 if ( !File. Open (outwmfile, CFile::modeCreate | CFile::modeNoTruncate |
    CFile::modeWrite))
{
    MessageBox( GetActiveWindow(),_T("save file failed"),_T("消息"),  MB_OK);
    return 0;
}
File.Write(&bmfHeader,14);
File.Write(&bmiHeader,40);
if(bmiHeader.biBitCount == 8)
{
    File.Write(QuadDIB,4 * numQuad);
    File.Write(pDIB,width * height);
}
else if(bmiHeader.biBitCount == 24)    //注意要看存储是否,需要 24 位
    File.Write(pDIB,3 * width * height);
File.Close();
delete []pDIB;
delete []poDIB;
delete []QuadDIB;
env -> ReleaseStringUTFChars( infile, srcfile);
env -> ReleaseStringUTFChars( outfile, outwmfile);
env -> ReleaseByteArrayElements( bt, wmbyte, 0);
return 1;
}
```

```
//EXTRAWMTOTAL 库函数的实现
JNIEXPORT jstring JNICALL Java_com_bigc_jni_ImgJNI_EXTRAWMTOTAL (JNIEnv *
env, jclass obj, jstring infile, jint wmlen)
{
    const char * srcfile = env->GetStringUTFChars( infile, 0);
    CFile File;
    BITMAPFILEHEADER bmfHeader;              //原文件的文件头
    BITMAPINFOHEADER bmiHeader;              //原文件的信息头
    BITMAPINFOHEADER bmiHeadernew;           //原文件的信息头
    CString pathname;
    LPSTR poDIB;                             //用于显示的数据
    LPSTR QuadDIB;                           //调色板数据
    int widthstep,widthstep2;
    long width,height;                       //表示图像原始大小
    int numQuad;                             //存储调色板的数目
    BOOL   WMextra[32 * 8];                  //提取的水印字符串,bit 型
    BYTE   outbyte[32];                      //提取的水印字符串,字节类型
    int WMlength;                            //表示嵌入水印内容的长度


    //1. open img
    if(!File.Open(srcfile,CFile::modeRead))
    {
        MessageBox( GetActiveWindow(),_T("open file failed"),_T("消息"),
                MB_OK);
        return 0;
    }
     if ( File. Read (( LPSTR ) &bmfHeader, sizeof ( bmfHeader ))! = sizeof
        (bmfHeader))
    {
        MessageBox( GetActiveWindow(),_T("open bmfHeader failed"),_T("消
                息"),  MB_OK);
        return 0;
    }
    if(bmfHeader.bfType! = 19778)
    {
        MessageBox( GetActiveWindow(),_T("not bmp file"),_T("消息"),  MB_OK);
        return 0;
    }
```

```
//获取文件信息头
 if（File.Read（（LPSTR）&bmiHeader,sizeof（bmiHeader））!= sizeof
    (bmiHeader))
{

    MessageBox( GetActiveWindow(),_T("open bmiHeader failed"),_T("消
              息"),  MB_OK);

    return 0;
}
//注意:无论是24位还是8位图像都采用3×w×h的大小分配内存
width = bmiHeader.biWidth;
height = bmiHeader.biHeight;
bmiHeadernew = bmiHeader;
widthstep = width;
if(widthstep % 4)
    widthstep = widthstep + (4 - widthstep % 4);
widthstep2 = 3 * width;
if(widthstep2 % 4)
    widthstep2 = widthstep2 + (4 - widthstep2 % 4);
poDIB = new char[widthstep2 * height];        //存储原始文件的数据
pDIB = new char[widthstep2 * height];         //存储处理的图像数据
numQuad = 256;
QuadDIB = new char[4 * numQuad];              //调色板数据

if((pDIB == NULL)||(poDIB == NULL))
{

    MessageBox( GetActiveWindow(),_T("分配内存出错"),_T("消息"),  MB_OK);
    return 0;

}
//对24位和8位图像进行区分处理
if(bmiHeader.biBitCount == 24)
{
    if(File.Read(poDIB,3 * width * height)! = 3 * width * height)
    {
        MessageBox( GetActiveWindow(),_T("read 24 data failed"),_T("消
                  息"),  MB_OK);

        return 0;
    }
    File.Close();
```

```
            memcpy(pDIB,poDIB,widthstep2 * height);
    }
    else if(bmiHeader.biBitCount == 8)
    {
        //读取调色板
        if(File.Read(QuadDIB,4 * numQuad)! = 4 * numQuad)
        {
            MessageBox(GetActiveWindow(),_T("read numQuad failed"),_T("消息"),
            MB_OK);
            return 0;
        }
        if(File.Read(poDIB,width * height)! = width * height)
        {
            MessageBox( GetActiveWindow(),_T("read 8 data failed"),_T("消息"),
            MB_OK);
            return 0;
        }
        File.Close();
        memcpy(pDIB,poDIB,widthstep * height);
    }
    else
    {
        MessageBox( GetActiveWindow(),_T("not support bmp"),_T("消息"),  MB_OK);
        return 0;
    }


    //2.FFT2 得到频域数据 FDSHIFT
    FftInit(width, height);
    Fourier(TD,FDSHIFT, width, height);    //FFT2
    //3.提取水印内容
    WMlength = wmlen * 8;
    ExtraWm(FDSHIFT,WMextra,fftw,ffth, WMlength);
    Bits2Bytes(WMextra, outbyte, WMlength);
    outbyte[wmlen] = 0;
    delete []pDIB;
    delete []poDIB;
    delete []QuadDIB;
    delete []TD;
    delete []FDSHIFT;
```

```
        env -> ReleaseStringUTFChars( infile, srcfile);
        return env -> NewStringUTF((char * )outbyte);
}
```

第6章 C语言版数字图像水印程序的分析与扩展

在第3～5章中,采用的测试载体图像均满足特定要求。本章将对这些特定要求进行分析,并针对不满足特定要求的载体图像的运行效果进行讨论,同时讲解程序中对应的处理方法,分析C语言程序与MATLAB程序数据处理的不同。

本章用峰值信噪比(PSNR)来演示图像水印嵌入前后的图像差别,用比特错误率(BER)来演示提取的图像水印与原始水印的差别。

本章将对C语言版数字图像水印程序的功能进行扩展,并对界面进行修改,使得用户可以通过界面控制嵌入水印的强度。

本章的安排如下。

(1)针对载体图像特定要求的分析。

(2)C语言与MATLAB的数据对比分析。

(3)PSNR和BER的计算。

(4)C语言版数字图像水印程序的扩展。

6.1 针对载体图像特定要求的分析

在前面的章节中,一直以Lena.bmp为测试载体图像,该图像宽高均为512。即满足两方面的要求:宽高都是2的整数次幂;宽度是4的整数倍。下面将针对这两个方面进行分析。

1. 图像宽高是2的整数次幂

(1)原因

这是由本书采用的C语言程序决定的。该程序在基于DFT的频域空间内完成水印的嵌入和提取,所以图像的二维傅里叶变换是程序的基础。

在第4章的MyTest项目中,图像的二维傅里叶变换是通过采用Fourier()函数实现的,此函数以一维傅里叶变换为基础,即需要调用FFT()函数完成一维傅里叶变换,而FFT()函数必须要完成2的整数次幂个点的傅里叶变换,如4、8、16、32、64、128、256、512、1 024等。

所以前面章节采用的Lena.bmp大小是512×512,刚好宽高都是2的整数次幂,也就是说,全部的图像像素都参与了傅里叶变换。

反之,如果载体图像的宽高不满足2的整数次幂,该如何处理呢?

MyTest 项目中采用的规则:选择图像中不大于宽和高的最大 2 的整数次幂的图像数据,用它来完成二维傅里叶变换。例如,若图像大小为 500×500,则选择其中 256×256 的图像数据;若图像大小为 500×520,则选择其中 256×256 的图像数据;若图像大小为 352×288,则选择其中 256×256 的图像数据。

那么,如何从图像中选择这部分数据呢? 一般情况下,载体图像中心区域的图像信息最丰富也最重要,所以在 MyTest 项目中,优先从图像的中心区域选择这部分数据,并对其进行 FFT2,实现水印嵌入,再对其进行逆 FFT2,得到新的空域数据,再替换回中心图像区域。

(2) 程序实现

在 MyTest 项目中,使用函数 FftInit()中的下面这段语句,可以计算进行傅里叶变换的宽度"fftw"和高度"ffth",这是不大于原图像宽和高的最大 2 的整数次幂。

```
fftw = 1;
ffth = 1;
wp = 0;
hp = 0;
//计算进行傅里叶变换的宽度和高度(2 的整数次方)
while(fftw * 2 <= lWidth)
{    fftw *= 2;
     wp++;
}
while(ffth * 2 <= lHeight)
{    ffth *= 2;
     hp++;
}
```

通过下面的语句,设定 fftstartx 和 fftstarty,设定傅里叶变换数据左上角的坐标,从而实现从图像数据的中心部分选择数据,并对其进行傅里叶变换。

```
fftstartx = (lWidth - fftw)/2;
fftstarty = ( lHeight - ffth)/2;
```

(3) 运行效果

大小为 512×512 的 Lena. bmp 是符合特定要求的,对其进行傅里叶变换的结果如图 4-26 所示。

如果将 Lena. bmp 裁剪为 499×499 后,再对其进行傅里叶变换,效果如图 6-1 所示,可以看出的是,傅里叶变换针对的是测试图像中心部分 256×256 的数据。

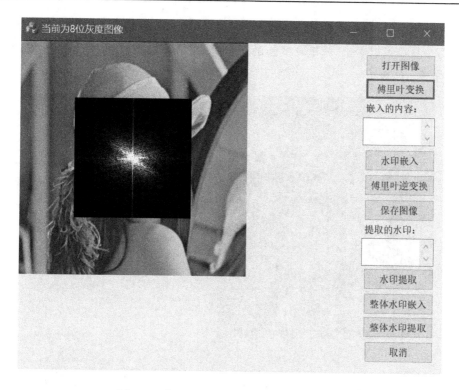

图 6-1　对 499×499 的图像进行傅里叶变换

2. 图像宽度是 4 的整数倍

（1）图像的每行字节数是 4 的整数倍

在基础图像处理中，已经提过图像每行数据的字节数应该是 4 的整数倍。由于本书进行的测试都是针对 8 位灰度图像，每个像素都是 1 个字节，因此，需要满足图像的宽度是 4 的整数倍。若不是 4 的整数倍，则需要在程序中，对每行的字节数进行调整。

例如，若图像大小为 512×512，则每行字节数为 512，不需要调整；若图像大小为 499×499，则每行字节数应调整为 500。

（2）程序实现

在图像打开显示部分，在函数 OnBnClickedOpenFile（）中，通过下面的语句调整图像每行的字节数。

```
widthstep = width;
if(widthstep % 4)
widthstep = widthstep + (4 - widthstep % 4);
```

在傅里叶变换部分，在函数 FftAbs（）中，也通过上面的语句调整图像每行的字节数，虽然图 6-1 中的图像大小为 499×499，宽度不是 4 的整数倍，但是显示的傅里叶变换的结果仍然是正常的。

（3）傅里叶变换不进行宽度调整的效果

若在函数 FftAbs（）中，在上面语句的下方增加一句："widthstep = width"，即在

FftAbs()中没有进行每行数据的调整,则对 499×499 的图像进行傅里叶变换的效果如图 6-2 所示。从中可以看出,傅里叶变换的结果是有问题的,由此可见,必须对图像的每行数据进行调整。

图 6-2　没有进行每行数据调整下的傅里叶变换

6.2　C 语言与 MATLAB 的数据对比分析

在 VS 环境中,使用 C 语言实现的图像处理与 MATLAB 实现的图像处理,其思路和过程是一样的,但是在一些具体情况中,会发现二者存在不同。

下面以图像的二维傅里叶变换为例,对 C 语言实现与 MATLAB 实现进行对比和分析。

1. C 语言实现的幅度频率谱图像

以 512×512 的 Lena. bmp 为测试图像,采用第 4 章的 MyTest 项目,使用 C 语言对 Lena. bmp 进行二维傅里叶变换,通过取模得到幅度频率谱图像,并且将其保存为 FFTVC. bmp,如图 6-3 所示。

2. MATLAB 实现的幅度频率谱图像

在 MATLAB 中,使用下面的语句对 Lena. bmp 进行二维傅里叶变换,并计算幅度频率谱,将所得图像保存为 FFT2. bmp,效果如图 6-4 所示,从图 6-4 可以看出,MATLAB 下实现傅里叶变换的幅度频率谱图像与 C 语言实现的幅度频率谱图像(见图 6-3)差别很大,这是什么原因造成的呢?

图 6-3　Lena 的幅度频率谱图像（C 语言）

```
img = imread('Lena.bmp');
fftimg = fftshift(fft2(img));
fupinimg = uint8(abs(fftimg));
imwrite(fupinimg,'FFT2.bmp')
```

图 6-4　Lena 的幅度频率谱图像（一）（MATLAB）

利用下面的语句可以计算频域数据的幅度,并获取所有点中幅度的最大值。从"ans"的结果可以看出,最大值为"36358251",这是一个非常大的数据,这说明 Lena.bmp 傅里叶变换后的幅度数据的数值普遍很大。但是在保存为图像的过程中,超过 255 的数据只能保存为 255,所以在图 6-4 中有很多的白点,这些都是超过 255 的值。

```
max(max(abs(fftimg)))
ans = 36358251
```

在 C 语言的程序中,该如何解决幅度频率数据太大的问题呢?

从 MyTest 项目中,在 OnBnClickedTranFft() 函数中,计算傅里叶变换的幅度时,需要调用下面的语句。

```
FftAbs(FDSHIFT,pDIB,width,height,100);
```

FftAbs() 函数的第 5 个参数"100"是计算幅度的比例系数。

在 FftAbs() 函数定义中,采用如图 6-5 所示的方法计算每个像素点的幅度,等同于 MATLAB 中的 abs(),但是最后要除以参数"parabili",如图 6-5 所示。

当前的参数"parabil"为 100,计算每个像素点的频域数据的幅度,并且除 100,这样可以有效降低图像数据的整体范围,便于观察幅频数据的差别。

```
dTemp = sqrt(FDSHIFT[i * ffth + j].real() * FDSHIFT[i * ffth + j].real() +
        FDSHIFT[i * ffth + j].imag() * FDSHIFT[i * ffth + j].imag()) / parabili;
```

图 6-5　C 语言中 FftAbs() 函数计算幅度频率谱的方法

对前面的 MATLAB 语句进行修改,利用修改后的语句对 Lena.bmp 进行二维傅里叶变换,并计算幅度频率谱,将所得图谱保存为 FFTMATLAB.bmp,效果如图 6-6 所示,可以看出,图 6-6 与图 6-3 看上去是完全一样的。

下面是修改后的程序,与原 MATLAB 语句的不同之处在于要对 abs() 后的数据除 100。

```
img = imread('Lena.bmp');
fftimg = fftshift(fft2(img));
fupinimg = uint8(abs(fftimg)/100);
imwrite(fupinimg, 'FFTMATLAB.bmp')
```

3. 比较 C 语言与 MATLAB 实现幅度频率谱数据的差别

虽然图 6-3 和图 6-6 看上去是完全一样的,但是我们需要用程序统计两幅图像是否存在差别。

把均方误差(MSE)作为衡量两幅图像差别的指标,MSE 的计算公式如下:

$$\text{MSE} = \frac{1}{N \times M} \sum_{i=0}^{N-1} \sum_{j=0}^{M-1} \left[x(i,j) - y(i,j) \right]^2 \tag{6-1}$$

在 MATLAB 中,定义一个自定义 MSE 的函数 mymse()。

图 6-6　Lena 的幅度频率谱图像(二)(MATLAB)

```
function mse = mymse(oldimg, outimg, w,h)
% 计算两幅图像的 mse
% oldimg:原始图像, outimg:输出的图像
% w:宽,h:高
mse_m = double(zeros(h,w)); % 均方误差
oldimg2 = double(oldimg);
outimg2 = double(outimg);
mse = 0;
for i = 1:h
    for j = 1:w
        mse_m(i,j) = (oldimg2(i,j) - outimg2(i,j))^2;
        mse = mse + mse_m(i,j);
    end
end
mse = mse/w/h;
```

以 mymse()函数为基础,利用下面语句比较 C 语言与 MATLAB 实现幅度频率数据的差别,即比较 FFTVC. bmp(见图 6-3)与 FFTMATLAB. bmp(见图 6-6)的差别。

```
fftvc = imread('FFTVC.bmp');
fftmatlab = imread('FFTMATLAB.bmp');
ans = mymse(fftvc,fftmatlab,512,512)
ans = 0.4877
```

从结果上看,两幅图像几乎一样,但是存在 0.5 左右的平均差别。

4. 造成 C 语言与 MATLAB 数据差别的原因

FFTVC.bmp 与 FFTMATLAB.bmp 在保存为图像前,首先要进行取整,所以造成 C 语言与 MATLAB 数据差别的原因就是两者的取整规则不同。

MATLAB 取整采用四舍五入的方式。例如,1.4 取整等于 1,1.9 取整等于 2。C 语言取整采用去除小数部分的方式,即向下取整。例如,1.4 取整等于 1,1.9 取整也等于 1。

若想 C 语言实现的结果与 MATLAB 完全一样,则需要在 FftAbs() 函数中,增加四舍五入的程序,具体语句如下。

```
dTemp = dTemp * 10;
if(((((int)dTemp) % 10)> = 5)
      * (lpSrc) = (BYTE)(dTemp/10) + 1;
else
      * (lpSrc) = (BYTE)(dTemp/10);
```

编译运行程序,对 Lena.bmp 生成的新的傅里叶变换幅频图像 FFTVC2.bmp 采用下面的语句,比较 FFTVC2.bmp 与 FFTMATLAB.bmp 的差别。

```
fftvc = imread('FFTVC2.bmp');
fftmatlab = imread('FFTMATLAB.bmp');
ans = mymse(fftvc,fftmatlab,512,512)
ans = 0
```

可以看出,当前条件下,C 语言与 MATLAB 实现的幅度频率数据完全一样。

以上的修改,都已经加入了 MyTest 项目中。

6.3　PSNR 与 BER 的计算

1. PSNR 计算

由第 4 章可知,嵌入水印后的图像 WM.bmp 与原图 Lena.bmp 非常相近,从视觉上很难看出差别,但水印嵌入一定会造成图像像素值的改变,所以两幅图像一定存在差别。

本章使用 PSNR 来衡量两幅图像的差别,PSNR 计算公式如下:

$$\mathrm{PSNR} = 10\,\lg\left(\frac{x_{\max}^2(i,j)}{\mathrm{MSE}}\right) \tag{6-2}$$

在 MATLAB 中,利用下面的语句来计算 Lena.bmp 与 WM.bmp 的 PSNR。

```
yuanImg = imread('Lena.bmp');
wmImg = imread('WM.bmp');
mse = mymse(yuanImg,wmImg,512,512)
mse = 0.5504
psnr = 10 * log10(255^2/mse)
psnr =   50.7239
```

从上面的结果可以看出,嵌入水印后的图像 WM. bmp 与原图 Lena. bmp 之间存在差别,平均 MSE 在 0.5 左右,PSNR 为 50.72 dB,这说明两幅图像非常相似。但是 PSNR 与嵌入水印的容量和嵌入水印强度都有关系,当前嵌入容量为 64 bit,嵌入强度为 50 000。

2. BER 计算

通常用 BER 来衡量提取水印与原始水印的区别。BER 的计算方法如下:

$$BER = \left(1 - \frac{\text{提取正确的比特}}{\text{总的水印比特}}\right) \times 100\% \tag{6-3}$$

在 MATLAB 中,使用下面的程序计算 BER。

```
function BER = ber(bits1, bits2)
bits1 = bits1';                    % 提取的水印
bits2 = bits2';                    % 原始标准水印
len1 = length(bits1);
len2 = length(bits2);
errornum = 0;
if( len1 ~ = len2 )                % 如果长度不同
    fprintf('Size of data doesn't match');
    errornum = len2;               % 长度不同,认为错误率 100%
else
    for i = 1:len1
        if (bits1(i) ~ = bits2(i))
            errornum = errornum + 1;
        end
    end
end
BER = errornum / len2;             % 基数应该是 bits2 的
end
```

对 WM. bmp 提取水印,并计算 BER,可得到 BER=0,即完全正确。BER 的好坏也与嵌入强度和嵌入位置有关。

6.4　C 语言版数字图像水印程序的扩展

在 MyTest 项目中,在 EmbedWm() 函数中,使用下面的语句设定嵌入水印强度。

171

```
    WMk = 50000;                    //强度
```

虽然可以在程序中修改嵌入强度,但是每次修改都需要重新编译程序,而且只有开发人员才能修改程序,普通程序用户不能修改程序,所以应该在程序界面中增加修改嵌入强度的接口。

在界面上提供的控制强度接口通常有两类:编辑框和组合框。当控制强度接口为编辑框时,用户通过编辑框输入嵌入强度的数值;当控制强度接口为组合框时,用户在组合框的下拉列表中选择嵌入强度。

编辑框实现比较简单,但是用户输入比较麻烦,而且有可能输入的数值超出程序允许的范围;组合框实现相对复杂,但是用户操作简单,而且限定用户输入的数值范围,从而保证程序的正常运行。

本章将采用组合框实现嵌入强度的输入。

(1)增加静态文本框

从工具箱中选择"Static Text",在界面中增加一个静态文本框,并且修改其 caption 属性为"嵌入强度"。

(2)增加水印嵌入强度的组合框

从工具箱中选择"Combo Box",在界面中增加一个组合框,并且修改其 ID 属性为"IDC_COMBO_EMBED_WMK",修改其 Data 属性为"10000;20000;30000;40000;50000;",Data属性用于设置组合框下拉可以看到的内容列表。

编译运行程序,运行效果如图 6-7 所示,目前还没有程序控制效果。

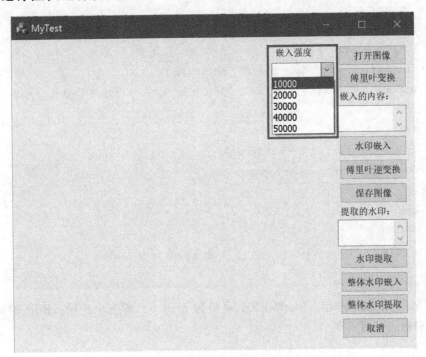

图 6-7　界面上增加嵌入强度的组合框

（3）增加组合框对应的控制变量

为建立界面组合框中"嵌入强度"与程序中变量的联系，需要为编辑框增加一个类变量，选择"项目→添加变量"，在"添加成员变量向导对话框"中，添加组合框对应的控制变量"m_ComEmbedWMK"，如图 6-8 所示。

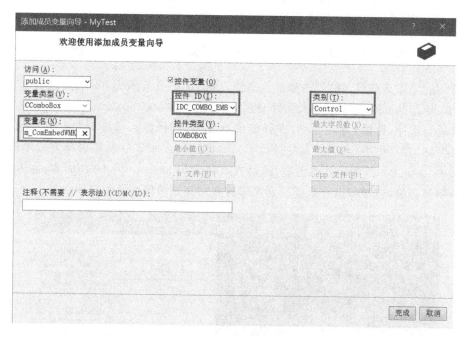

图 6-8　组合框添加控制变量

通过 VS 环境添加的控制变量，对程序会造成什么影响呢？

我们可以在函数 DoDataExchange()中观察到自动添加的语句。

```
DDX_Control(pDX, IDC_COMBO_EMBED_WMK, m_ComEmbedWMK);
```

通过"添加成员变量向导对话框"添加的变量，系统都会自动添加语句（框内语句）到 DoDataExchange()函数中，如图 6-9 所示。方框上面两句是第 4 章中针对嵌入水印和提取水印自动添加变量的语句。

```
void CMyTestDlg::DoDataExchange(CDataExchange* pDX)
{
    CDialogEx::DoDataExchange(pDX);
    DDX_Text(pDX, IDC_EDIT_EMBEDWM, m_EmbedWM);
    DDX_Text(pDX, IDC_EDIT_EXTRAWM, m_ExtraWM);
    DDX_Control(pDX, IDC_COMBO_EMBED_WMK, m_ComEmbedWMK);
}
```

图 6-9　DoDataExchange()函数

（4）在程序中增加控制程序

在 OnInitDialog()函数中，添加下面语句。

```
    m_ComEmbedWMK.SetCurSel(4);
```

该语句的功能是设定嵌入强度组合框显示的初始值,组合框中包括 5 个值,所以设定值的范围为 0～4,当前语句的含义是设定嵌入强度的初始值为 50 000。

在 EmbedWm()函数中,添加下面的语句。

```
    WMk = (m_ComEmbedWMK.GetCurSel() + 1) * 10000;              //强度
```

该语句的功能是获取当前组合框的状态值,由于状态值范围为 0～4,所以先加 1,将其变为 1～5,再乘 10 000,则当前嵌入强度分别为 10 000、20 000、30 000、40 000、50 000。

编译运行程序,选择 Lena.bmp,进行傅里叶变换,选择嵌入强度为"30000",输入嵌入水印为"12345678",单击"水印嵌入"按钮,可以观察到嵌入水印后的频域幅度谱图像,运行效果如图 6-10 所示。从图像效果上看,相对嵌入强度为 50 000(图 4-27)而言,嵌入水印位置的修改明显较轻,这样可以直观感受到水印嵌入对频域图像数据的影响。

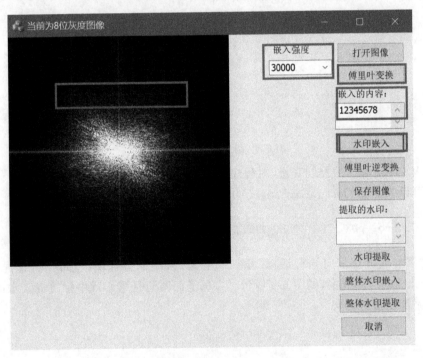

图 6-10　控制水印嵌入强度

单击"傅里叶逆变换"按钮,对图像进行傅里叶逆变换,单击"保存图像"按钮,将嵌入水印后的图像保存为 WM2.bmp。使用下面的语句计算嵌入强度为 30 000 时的 PSNR,相比嵌入强度为 50 000 的情况,MSE 明显减小(0.217 1),PSNR 明显增大(54.763 9 dB)。

```
yuanImg = imread('Lena.bmp');
wmImg = imread('WM2.bmp');
mse = mymse(yuanImg,wmImg,512,512)

mse = 0.2171

psnr = 10 * log10(255^2/mse)

psnr = 54.7639
```

当前的 PSNR 超过了 50 dB,数值非常高,这主要是由于当前嵌入容量较小。各位同学也可以针对不同的嵌入强度、不同的嵌入容量进行实验,同时统计 PSNR 的结果,并进行嵌入容量、嵌入强度、透明性的相关分析。

参 考 文 献

[1] 袁武钢.鲁棒视频水印技术研究[D].武汉:华中科技大学,2007.

[2] 秦建军.数字视频水印技术研究[D].长沙:湖南师范大学,2010.

[3] 曹军梅.一种基于 DCT 域的鲁棒性数字水印算法[J].微型电脑应用,2010(1):11-12.

[4] He D J, Sun Q B, Tian Q. An object based watermarking solution for MPEG4 video authentication[J]. ICASSP,2003,537-540.

[5] 孙燮华.数字图像处理—Java 编程与实验[M].北京:机械工业出版社,2011.